"红帮文化丛书"编委会

主　编　郑卫东

副主编　胡玉珍　李定军　冯盈之

编　委（按姓氏笔画排序）

余彩彩　张　艺　茅惠伟

季学源　单陆咪　蔡娜娜

冯盈之　胡玉珍／著

宁波传统服饰文化

红帮文化丛书　主编　郑卫东

本作品系宁波市文联文艺创作重点项目

红帮

ZHEJIANG UNIVERSITY PRESS
浙江大学出版社

图书在版编目（CIP）数据

宁波传统服饰文化 / 冯盈之，胡玉珍著. — 杭州 ：
浙江大学出版社，2021.6
ISBN 978-7-308-21277-9

Ⅰ. ①宁… Ⅱ. ①冯… ②胡… Ⅲ. ①服饰文化－研
究－宁波－古代 Ⅳ. ①TS941.742.2

中国版本图书馆CIP数据核字(2021)第069186号

宁波传统服饰文化

冯盈之　胡玉珍　著

责任编辑	朱　玲
责任校对	朱　辉
封面设计	春天书装
出版发行	浙江大学出版社
	（杭州市天目山路148号　　邮政编码　310007）
	（网址：http://www.zjupress.com）
排　　版	杭州林智广告有限公司
印　　刷	杭州高腾印务有限公司
开　　本	710mm×1000mm　1/16
印　　张	11.5
彩　　插	6
字　　数	185千
版 印 次	2021年6月第1版　2021年6月第1次印刷
书　　号	ISBN 978-7-308-21277-9
定　　价	45.00元

彩图1　20世纪30年代肉桃色绣花高领旗袍（宁波服装博物馆）

　　旗袍立领，大襟右衽，长袖，两侧开衩，衣长至脚踝。领高且硬，衣袖展开长136.5厘米，接袖长34厘米，窄袖，平袖口直径14厘米。两侧开衩，高28厘米，直下摆，宽50厘米，柔软的肉桃色绸缎为面料，在领、胸、袖、肩、下摆等处绣蝴蝶花卉纹。手工缝制。体现了20世纪30年代旗袍的风格。

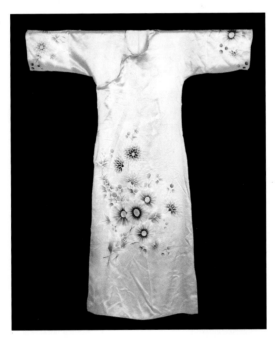

彩图2　20世纪40年代橘黄色软缎旗袍（宁波服装博物馆）

　　旗袍面料为橘黄色软绸，无领，斜襟，袖连肩，两袖下端罩袖，并印有三朵菊花。斜襟、下摆、袖口分别滚边，下摆开衩20厘米，腰间至下摆之间前后分别印有色泽鲜艳、怒放的菊花。手工缝制。

彩图3　20世纪40年代绣花鞋（宁波服装博物馆）

　　鞋面为大红软缎，上施彩绣，鞋头绣折枝花卉纹，花形较大。两侧绣双金线、蝙蝠，鞋口一圈三叶草，蝙蝠象征着福运、福气，"铜钱"有空，俗称"钱眼"，"蝠"与"钱"绣在一起，即为"福在眼前（钱）"。大红软缎绣花鞋寓意吉祥，喜庆场合比较多见，也是女子出嫁的婚嫁鞋。

彩图4　20世纪40年代黑缎红花皮底绣花女鞋（宁波服装博物馆）

　　宁波人称中式蚶子口夹鞋。鞋面两侧大面积绣大红色桃花纹图案，从鞋头绣至鞋跟。中间三朵为盛开的桃花，连枝叶，两头绣一串夹竹桃，象征着幸福，长寿，红红火火。该鞋子暗制，机缝与手缝结合，轻巧，宜在春秋季节穿着。

彩图5　20世纪60年代戏装（宁波服装博物馆）

　　戏装系老生装。花纹对称，绣花工艺体现宁波金银彩绣纹点。绣工精湛，夹里为白色棉布。手工缝制。

彩图6　清代玫红绣花背襟童装
（宁波服装博物馆）

彩图7　20世纪40年代蓝布长衫
（宁波服装博物馆）

彩图8　20世纪40年代玫红缎小花布襁（宁波服装博物馆）

彩图9　清代大襟衫（宁波服装博物馆）

面料为提花缎，花纹类似喇叭花，色泽为紫色。夹里面料为天蓝色平布，偏襟，内侧设一口袋。袖为罩袖，下摆较大。五粒盘香扣用黑色软缎所做，均匀排列，直到开衩处。领口、偏襟处、袖口、下摆均用黑色软缎镶滚，其中领口处镶滚较细。领脚处、偏襟处镶滚宽为4厘米，袖口处镶滚宽为2.5厘米。手工制作。

彩图10　近代女式圆摆夹袄（宁波服装博物馆）

面料为菊花形织锦缎，花与叶黄白相间。夹里为紫红色绸，偏襟，领较低，袖为喇叭袖，圆下摆，四粒直角扣。领口、领脚、偏襟处、下摆、袖口均用花边镶滚，花边颜色为象牙色，宽2厘米，前后有中缝。手工制作。

彩图11　清末民初红缎绣花袄（宁波服装博物馆）

大襟短袄，面红缎，夹里粉红色花布。右小襟宽21厘米，高领7厘米，袖连肩，并在手肘处接长32厘米，为窄袖。衣下摆左右开衩，高10厘米，门襟、领口、袖口、下摆开衩处均镶1厘米宽的淡红色缎边，钉9粒一字纽扣。从领口至下摆开衩止，颜色淡红色。同时，在衣的前胸、背面正中部位用彩色丝线绣成较大的茶花图案。领口、袖、前后下摆同样花纹，但花形略小。整件袄系手工绣花，所绣的图案匀称，色泽鲜艳，轮廓清晰，是姑娘出嫁时的衣服。

彩图12　民国绣花童帽（宁波服装博物馆）

　　整个形状像一朵莲花，正面分三层，上层是绿红缎子加工而成的莲瓣，中层为红紫缎子加工而成的莲瓣，每片莲瓣上都绣有童子，两层中间的童子独立，神态不一，其他左右对称。下层为一半圆形绿色缎子加工的绣片，上绣麒麟送子图。头饰饰面左右两边有对称的如意纹，每片绣片为宁波特色胖绣。每片绣片里面都有铁丝固定，绣片反面为大红色棉布。头饰后面用黑色棉布固定。机器和手工合制而成。

彩图13　20世纪40年代红缎胖绣三星童装（宁波服装博物馆）

　　童装腰部以下前片绣着福、禄、寿三星，象征长命富贵。

彩图14　20世纪20年代红缎金银绣凤童裤（宁波服装博物馆）

　　裤面料为大红色缎，夹里为淡蓝色棉布。腰围为白色平布，两端各有一个裤扣和丝带，裤裆叠缝成凹形。裤脚口贴着淡黄色缎，左右裤脚都绣着一幅凤采牡丹图及蝙蝠，象征富贵、吉祥、幸福，每只裤脚口上绣着 11 只蝙蝠和 3 条金鱼及草。此工艺采用宁波金银绣。

彩图15　余姚犴舞服饰（宁波文化网）

彩图16　满月鞋（宁波非物质文化遗产网）

彩图17　周岁鞋（宁波非物质文化遗产网）

彩图18　各式香袋（象山石浦文化站提供）

彩图19　舞鱼灯服饰（象山石浦文化站提供）

彩图20　莲花盘组
（夏彩囡作品）

彩图21　水仙花盘组
（夏彩囡作品）

彩图22 绣球形、心形香袋（马兰芬作品）

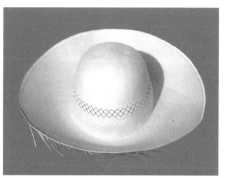

彩图23 金丝草帽（鄞州黄古林草编博物馆）

彩图24 余姚土布

彩图25　绣花荷包（宁波服装博物馆）
荷包包面正中绣传统吉祥图案，由荷花、白藕构成，左右绣如意图、蝙蝠图各一。

彩图26　光壳西装
（摄于奉化区非遗馆，奉化区红帮传人王小方手工作品）

彩图27　旗袍
（摄于奉化区非遗馆，奉化区红帮传人
金达迎作品）

彩图28　中山装
（摄于奉化区非遗馆，宁波荣昌祥服饰
股份有限公司作品）

彩图29　培罗蒙黑呢夹皮毛大衣
（宁波服装博物馆）

总　序

党的十八大报告指出："文化是民族的血脉，是人民的精神家园。"党的十九大报告强调："文化是一个国家、一个民族的灵魂。文化兴国运兴，文化强民族强。没有高度的文化自信，没有文化的繁荣兴盛，就没有中华民族伟大复兴。要坚持中国特色社会主义文化发展道路，激发全民族文化创新创造活力，建设社会主义文化强国。"

在建设社会主义文化强国，增强国家文化软实力，实现中华民族伟大复兴中国梦的伟大征途上，文化自信是更基本、更深层、更持久的力量。因此，在国际大家庭中，中华民族要想真正立于不败之地，就必须重视并不断挖掘、传承和发扬自己的优秀传统文化，包括中华服饰文化。正如中共中央办公厅、国务院办公厅印发的《关于实施中华优秀传统文化传承发展工程的意见》所指出的那样，要"综合运用报纸、书刊、电台、电视台、互联网站等各类载体，融通多媒体资源，统筹宣传、文化、文物等各方力量，创新表达方式，大力彰显中华文化魅力"。在国家的文化大战略之下，我校组织力量编辑出版"红帮文化丛书"可谓正当其时。

红帮是中国近现代服饰业发展进程中一个十分独特和重要的行业群体，也是值得宁波人骄傲和自豪的一张耀眼的文化名片，由晚清之后一批批背井离乡外出谋生的宁波"拎包裁缝"转型而来。20世纪30年代，由7000年河姆渡文化滋养起来的红帮成名于上海，并逐渐蜚声海内外。如今"科技、时尚、绿色"已成为中国纺织服装产业的新定位，作为国内第一方阵的浙江纺织服装产业正向着集约化、精益化、平台化、特色化发展，宁波也正处于建立世界级先进纺织工业和产生世界级先进纺织企业的重要机遇期。新红帮人正以只争朝夕的时代风貌阔步向前。

　　红帮在其百年传承中，不但创造了中国服饰发展史上的多个"第一"，而且通过不断积淀生成了自己独特的行业群体文化——红帮文化。在中华母文化中，红帮文化虽然只是一种带有甬、沪地域文化特征的亚文化或次文化，但就行业影响力而言，它却是中国古代服饰业的重要传承者和中国现代服饰业的开拓者。一个国家的文化印象是由各行各业各个领域的亚文化凝聚而成的，每个人的态度、每个群体的面貌，都会在不同程度上潜移默化地影响这个国家主文化的形成和变迁，影响中国留给世界的整体文化印象。从这个意义上来说，红帮文化当然也是国家主文化的重要构成因子，因为它除了具有自己独特的服饰审美追求之外，也包含着与主文化相通的价值与观念。

　　红帮文化是历史的，也是现实的。红帮文化的核心内涵是跨越时代的，今天，红帮精神的实质没有变，反而随着时代的发展有了新的内涵，其价值在新时代依然焕发出光芒。

　　中华服饰作为一种文化形态，既是中国人物质文明的产物，又是中国人精神文明的结晶，里面包含着中国人的生活习俗、审美情趣、民族观念，以及求新求变的创造性思维。从服饰的演变中可以看出中国历史的变迁、经济的发展和中国人审美意识的嬗变。更难能可贵的是，中国的服饰在充分彰显民族文化个性的同时，又通过陆地与海上丝绸之路大量吸纳与融合了世界各民族的文化元素，展现了中华民族海纳百川、兼收并蓄的恢宏气度。

　　中华民族表现在服饰上面的审美意识、设计倾向、制作工艺并非凭空产生的，而是根植于特定的历史时代。在纷繁复杂的社会现实生活中，只有将特定的审美意识放在特定的社会历史背景下加以考察才能窥见其原貌，这也是我们今天所要做的工作。

　　中国历史悠久，地域辽阔，民族众多，不同时代、不同地域、不同民族的中国人对服饰材料、款式、色彩及意蕴表达的追求与忌讳都有很大的差异，有时甚至表现出极大的对立。我们的责任在于透过特定服饰的微观研究，破解深藏于特定服饰背后的文化密码。

中华民族的优秀服饰文化遗产，无论是物质形态的还是非物质形态的，可谓浩如烟海，任何个体的研究都无法穷尽它的一切方面。正因为如此，这些年来，我们身边聚集的一批对中华传统服饰文化有着共同兴趣爱好的学者、学人，也只在自己熟悉的红帮文化及丝路文化领域，做了一点点类似于海边拾贝的工作。虽然在整个中华服饰文化研究方面，我们所做的工作可能微不足道，但我们的一些研究成果，如此次以"红帮文化丛书"形式推出的《红帮发展史纲要》《宁波传统服饰文化》《新红帮企业文化》《宁波服饰时尚流变》《丝路之绸》《甬上锦绣》，对于传播具有鲜明宁波地域文化特征及丝路文化特征的中华传统服饰文化，具有现实意义。

本套丛书共由 6 本著作构成，其基本内容如下：

《红帮发展史纲要》主要描述红帮的发展历程、历史贡献、精湛的技艺、独特的职业道德规范和精神风貌，并通过翔实的史料，认定红帮为我国近现代服装发展的源头。

《宁波传统服饰文化》以宁波地域文化和民俗文化为背景，研究宁波服饰的文化特色，包括宁波服饰礼俗、宁波各地服饰风貌，以及服饰与宁波地方戏曲、舞蹈等方面有关的内容。

《新红帮企业文化》从数千个宁波纺织服装企业中选择雅戈尔、太平鸟、博洋、维科等十几个集团作为样本，描述了宁波新红帮人在企业文化建设方面的特色和成就，揭示了红帮文化在现代企业生产、经营、管理等各项活动中所发挥的积极作用，展示了红帮文化长盛不衰的独特魅力。

《宁波服饰时尚流变》以考古文物和遗存为依据，划分几个特征性比较强的时代，梳理宁波各个历史时期的服饰文化脉络，展示宁波服饰时尚流变。

《丝路之绸》以考古出土的或民间使用的丝绸织物（包括少量棉、毛、麻织物）为第一手材料，结合相关文献，讲述丝绸最早起源于中国，然后向西流传的过程，以及在丝绸之路上发生的文明互鉴的故事。

《甬上锦绣》以国家非物质文化遗产"宁波金银彩绣"为研究对象，从历史演变、品类缤纷、纹样多彩、工艺巧匠、非遗视角5个方面进行探讨。

概括地讲，本套丛书有两大特色：一是共性特色，二是个性特色。共性方面，都重视对史实、史料、实物的描述，在内容编排上也都力求做到图文并茂，令读者赏心悦目；个性方面，无论是在内容组织上，还是在语言风格上，每位作者都有自己的独创性和只属于自己的风采，可谓"百花齐放、各有千秋"。总之，开卷有益，这是一套值得向广大读者大力推荐的丛书。事实上，我们也计划每年推出一本，在宁波时尚节暨宁波国际服装节上首发，以增强其传播效果。

习近平总书记在全国教育大会上特别强调，要全面加强和改进学校美育，坚持以美育人、以文化人，提高学生审美和人文素养。高等学校是为国家和社会培养人才的地方，通过文化建设教会学生并和学生一起发现美、欣赏美、创造美，也是贯彻落实德智体美劳全面发展教育的一项重要举措。我们学校是一所具有时尚纺织服装行业特色的高等职业技术学校，又地处宁波，打造校园红帮文化品牌，推进以红帮精神为核心的红帮文化在新时代的传承与创新，是我们义不容辞的教育责任和社会责任。

本套丛书既是我们特色校园文化建设的成果，也是宁波区域文化以及时尚文化的成果。所以，我们做这样一套丛书，除了宣传红帮文化，并通过申报"红帮裁缝"国家级非物质文化遗产以提升红帮文化的社会影响力之外，也是为了把校园文化、产业文化、职业文化与地方文化做一个"最佳结合"的载体，推介给广大教师和学生，供文化通识教育教学使用。

　　本套丛书是由浙江纺织服装职业技术学院文化研究院与宁波市奉化区文化和广电旅游体育局联合成立的红帮文化研究中心组织实施的一项文化建设工程，每位作者都以严谨、科学的态度，不断修改、完善自己的作品，并耗费了大量宝贵的个人时间和心血。在此，我谨代表本丛书编委会向各位作者表示最衷心的感谢！此外，一并感谢浙江大学出版社给予的帮助，感谢宁波时尚节暨宁波国际服装节组委会提供平台并给予大力支持。

郑卫东

2020 年 6 月 30 日

于浙江纺织服装职业技术学院

前　言

　　以前做宁波乃至中国纺织服装历史溯源时，往往这样表述：纺织业的出现是以编结工具、技术的发展为前提条件的。河姆渡人是迄今最早的"编织原理"的发现者。"河姆渡遗址发现数段粗细不一的绳""河姆渡遗址还发现以众多植物纤维搓成的绳索，其中一条长约2米，如此之长的绳索，在全国史前遗址中也是绝无仅有的。结绳是众多草编工艺的基础，河姆渡人在7000多年以前就能熟练地掌握这一技巧了。"

　　2020年5月30日，井头山遗址考古成果新闻发布会在宁波余姚举行。这一考古成果的发布，确实改写了历史，包括纺织服饰历史。在井头山遗址出土了编织的容器，类似鱼篓，出土了"席子"，还出土了不少编织物、绳子的原料，因为深埋地下，所以8000年前的编织物得以保存。同时，井头山遗址还出土有"上百件骨器，器形有镞、锥、鳔、凿、针、匙、珠、笄等"；值得关注的是当中有缝纫工具"针"，说明井头山人已经会用骨针缝"衣服"了；还有"珠""笄"等饰品，而且在出土的大量的海贝壳中，除了经人工打磨的工具外，还有一些贝类饰品，这说明井头山先人已有爱美之心。

　　从井头山到河姆渡，宁波乃至中国的纺织服饰文明向前跨了1000年。8000年的厚度，是研究宁波服饰文化的厚实底蕴。

　　研究宁波服饰文化，除了上述厚实的背景以外，还有一个得天独厚的条件，那就是宁波有中国第一个以服装为主题的"宁波服装博物馆"。经过20多年的不懈努力，馆内收藏了2600余件服饰品及其他物品，为研究宁波服饰文化提供了翔实的实物资料。更为难得的是，博物馆参加宁波特色数字图书馆建设，所有藏品全部制成电子档案，面向公众。我也在第一时间拿到了全部数字材料，所以本书的特点就是图片资料比较多，许多图片来源就是"宁波服装博物馆藏品"数字资料。

我们由此从经纬两条线来展示宁波的服饰文化，分别在两本著作中体现。

《宁波服饰时尚流变》是宁波服饰的经线部分，就是史的方面。主要以考古文物和遗存为中心，划分几个特征性比较强的时代，梳理宁波各历史时期的服饰文化，当然，诚如著名文保专家杨古城先生提醒的那样，古代部分"由于宁波地下出土物太少，而地面遗存又极单薄，故服饰文化史的唐之前只能写得虚"。所以，近代之前更多只能以纺织业、服装加工等方面为研究对象，从侧面来反映当时的服饰情况，尽量做到"看羹吃饭"，有多少资料，写多少内容，看到什么，写什么；近现代服饰文化则以上海的影响为主线索；而当代部分则用市民的"声音"来反映时代对服饰文化的巨大影响。该书计划在2022年出版。

《宁波传统服饰文化》，即本书，是宁波服饰的纬线部分。主要从宁波服饰礼俗、宁波地域服饰文化，宁波民间文化与服饰、宁波传统工艺美术与服饰、宁波馆藏服饰文化、宁波服饰文化非遗传承等几个方面构建和展现宁波传统服饰文化的整体风貌。本书注重对宁波地域文化以及民俗文化的考察，对宁波诞生服饰礼俗、婚嫁服饰礼俗、丧葬服饰礼俗、节庆服饰礼俗进行了全面梳理；注重宁波背山面海的地理环境，分别考察了山区、沿海、平原等地域的服饰特点；关注宁波民间文化对服饰文化的记录，包括方言俗语与服饰，地方戏曲与服饰，民间舞蹈与服饰、民间文学与服饰等；同时对宁波服饰类非物质文化遗产项目进行调研，考察代表性项目的渊源与传承状态。

服装大市理应有丰厚的服饰文化，但愿我们的研究能够给"服装大市"这一命题做一个有力的铺垫。

冯盈之

2021 年 3 月于浙江纺织服装职业技术学院

目录

第一节　诞生服饰礼俗

　　诞生是人一生的开端，在我国，自古以来就有举行与诞生有关的礼仪的习俗。诞生礼是人一生的重大礼仪，是祈求长寿、多福的一种人生礼仪，礼仪关系到小孩一生的富贵荣辱，反映了上一代人寄托下辈健康、产妇健康的社会心态和希望心愿。而人赤条条来到世上，最初的服饰是特别值得关注的。宁波的诞生礼仪服饰讲究的是寄托、辟邪，这些礼俗着重体现在以下几个环节：催生、贺生、满月、百日、周岁等。

一、诞生礼俗

1. 催生

　　"催生"时间多选在孕妇临产的月份，娘家须送"催生包"，礼品多的挑着来的叫"催生担"。内应该有婴儿穿的黄棉袄、黄布衫、肚兜、大裥、横裥、夹裥（婴儿的裹包、尿布）、单衣毛衫、斜襟衫等。衣服是黄色的，表示皇子皇孙（旺子旺孙）或以后会做大官穿黄缎马褂。镇海习俗，其中的一件黄衣服，必须为现在非常健壮的自家孩子或亲友孩子穿过的半新的衣服，祈求婴儿也会健康成长。有的衣服不缝下襟，露毛边，寓意孩子会日长夜大。

　　当然还有食品，如鸡蛋、长面、红糖、桂圆、核桃等，以补食为主。旧时还以产妇动态来预卜生期，如送"催生担"者进门时见到孕妇是站着的，就是说快要生了；孕妇是坐着的，认为一时还不会生。如把"催生包"扔到孕妇床上，那包袱头朝里的就认为是生男的，反之则认为是生女的。

　　奉化习俗，丈母娘命人挑着满满的一担"催生担"到女婿家来给女儿催

图1-1 虎头鞋（宁波非物质文化遗产网）
明、清时期起，当地就有女子怀孕后娘家送催生衣的习惯，催生衣中必有一双虎头鞋

图1-2 20世纪40年代红缎绣花虎头童鞋
（宁波服装博物馆）

生，"催生担"内除了婴儿的衣物外，还有含象征意义的桂圆、长面、鸡蛋。来人进入女婿家，径直来到女儿房内，先将一件婴儿衣服内的两个鸡蛋顺手轻轻地抖落在床铺里，比喻如母鸡生蛋一般，做产顺利。

余姚习俗，催生礼一般有送衣箱、送红蛋（包括枣子、花生、粽子等）两部分。衣箱均选上等樟木制成，杂木次之，内放春、夏、秋、冬小孩衣服鞋帽各四套，尿布64块。小孩内衣一律用红、黄布做成大襟斜款，不系纽扣，用布带代替；外衣裤多用鲜艳的下海余姚土布、下海头花布缝制，家境条件好的用丝绸，鞋帽上绣有老虎头，鞋称"虎头鞋"，又叫"老虎鞋"（图1-1、图1-2），帽称"虎头帽"（图1-3）。箱内衣裤由亲家婆一一验看，再送至媳妇房内。

图1-3 金黄色虎形童帽（宁波服装博物馆）
虎身布料为金黄色绸缎，上面绣19只老虎眼睛，"19"和富贵长久的巧妙寓合，暗示着孩子前程似锦。背面中心用两条黑丝线绣成两朵交叉S形图案。四脚白色，四周黑丝线镶边，后腿上绣两朵绿花。尾巴金黄色立体形，前粗后细，上下两端均有黑绒线，意为"孩假虎威"。

2. 贺生

出生

婴儿出生第一件衣裳要穿自己家的，而后始穿外婆家送来的衣裳。这第一件衣服是祖母张罗的"百家衣"。婴儿出生后，其祖母向左邻右舍讨取小块布头，拼制成衣裤给婴儿穿，认为这样做，能托百家之福，使小儿祛病去灾。余姚习俗，小孩子落地时穿的衣服必须是红颜色的，据说穿红色可以免虱蚤咬。

三朝

三朝，又称"开口""开奶"，在小孩出生第三天举行，庆贺小孩新生活开始。

三朝除"洗礼仪""开口礼"等仪式外还有一个"穿衣礼"。"穿衣礼"的衣服俗称"三朝衣"，布料用父母旧衣，最好是家族中辈分最高的老人小时候穿过的旧衣服，裁制成大襟小衣，由稳婆（余姚等地对月嫂的称呼）给小孩穿上贴身短衣裤。小孩手上缠一缠棉花线或者用蚕丝线穿挂一个桃核雕成的桃篮、桃果以避邪。衣服上缝一块从庙里求来的"神符"，祈求菩萨保佑。

婴儿出生第三天接受外婆家的赠礼，即"贺生担"。旧时凡产妇生头胎，娘家要送婴儿一年四季所用的衣裤、兜篷、尿布、座车、摇篮等。富有人家有送银项圈、银手镯，甚至是金质的。此外还送彩饼、红蛋、花生、橘子等，以示吉利。

3. 满月

婴儿出生满一个月，称"满月"。满月的礼仪活动，主要有"剃满月头"和"望外婆"两个内容。

剃满月头

满月剃头，礼俗较为隆重，是诞生礼的高潮，男孩"正一个月"，女孩"正一个月缺一天"行剃头礼。

满月后，请理发师傅到家里给婴儿剃头，由福禄双全的长者抱着，男孩在头顶留发，女孩在脑后留发，称为"孝顺幡"。

宁海等地习俗，在小孩满月日，家人请村里老年理发师给小孩剃"满月头"，剃去胎发。在剃发时常说一套吉利语，称"四言八句"：

剃去胎发，越剃越发，

人财两旺，金玉满堂。

麒麟送子到府庭，朝中又添新贵人。

状元及第登皇榜，禄位高升喜满门。

老余姚、慈溪习俗：由堕民前来剃胎发，当地人有："堕民跨进门，忙煞下等人，端水奉茶忙，主人做上宾"的顺口溜。剃发堕民穿一双该小孩家送的新鞋，围着蓝色竹布裙，拎一只剃头篮，恭恭敬敬拜小孩，口称："拜新主人"，唱颂词：

今朝喜鹊绕堂门，阿拉主人坐堂门，

挂起红灯满天红，早早来拜新大人。

慈城一带的剃满月头颂词：

一进大门步步宽，脚上踏着紫金砖；

紫金砖上生莲子，莲子上面落凤凰；

凤凰不落吭宝地，状元是你少东家。

来，来，介难看，介难看，嫂嫂头剃剃……

古有董孝子，现有小官官。

如果东家生的是女娃，后两句则是：

凤凰不落吭宝地，嫁个官爷是状元。

子孙满堂步步高，子孙满堂步步高。①

唱毕，手执剃刀，众人凝神观看，旁有两位姑娘端木盘接发，每剃一刀，轻说一声"剃一剃，发一发"。留下头顶、脑后两处胎毛，脑后一处称："聪明发财发"，头顶一处称"冲天救命发"。胎毛用红纸包起来，用布缝制，丝线束扎，挂在床头可以辟邪；有的送入家庙，也有的用红绿丝线，包上红布，

---

① 转录自王静．中国的吉普赛人——慈城堕民田野调查．宁波：宁波出版社，2006：243.

悬于家堂高处，认为这样将来小孩有胆量，会高发高升。

　　小孩剃好头后，穿上红棉袄，由福寿双全的妇人抱着绕村走一圈，要过一座桥才回来，说是有利于孩子顺利长大，胆子大不怕惊吓。小孩的奶奶向邻居讨铜钱做"百家锁"，东海海岛上也有用海贝壳串成的"贝壳项圈"；外婆等亲戚则去各家讨红绿丝线编成"百家绳"或叫"长命索"，套在小孩的颈项上，也有用彩线（长寿线）扎成的装有钱币的红包，挂在小孩的胸前，这个红包叫作"铜钿牌"，希望小孩平安长大。

　　满月的婴儿戴"虎头帽"或"狗头帽"，穿"虎头鞋""一口钟"（图1-4）。大榭等地则给小孩穿一下篓衣，说篓衣是龙袍的象征。渔民的婴儿服饰则有"海洋"特色。满月的那一天，婴儿所戴虎头帽四周钉以银或铜片制作的"八仙过海"立像，象征孩子长大后具有闹海弄潮的本领；所系的绣花红肚兜上绣着"哪吒闹海"等图案。通过这种物化载体来表达渔民对美的追求和理想。

图1-4　20世纪20年代绣花一口钟
（宁波服装博物馆）

　　婴儿出生满一月，外婆家送来"满月担"，有肉、鱼、鸡等食物及虎头帽、鞋、抱裙、披风等衣物（图1-5、图1-6）。亲戚家亦有赠含意"长命百岁"的银锁片、银项圈等饰物。有些地方还要分剃头面，两妇女抬着礼担，

挨家挨户地分，分到面的人家要拿出五色彩线或吉祥物，放在礼担里，恭贺添家丁，祝小孩长命富贵。

图1-5　慈溪农民画《娃娃满月》（宁波非物质文化遗产网）
　　这幅画展示的是给娃娃办满月的席间礼品，体现了江南传统民间艺术的魅力。肚兜、荷包、绣鞋、绣垫及瓷壶上的花饰、糕点上的装饰物都是艺术。

图1-6　清代绣花虎头披风帽（宁波服装博物馆）
　　该帽的特点是帽子左右两端钉一块形如寿桃的耳朵。左耳朵童男童女捧"富贵"条幅，右耳朵童男童女捧"长命"条幅，两耳组成"富贵长命"。

望外婆

望外婆指满月后第一次去外婆家。

第一次去外婆家，婴儿要穿上虎头鞋，男婴鼻子上要用镬煤灰点一个黑点，意谓"避邪"，叫作"乌鼻头管望外婆"。意为将容貌搞得丑陋，免得途中被野鬼看上，将魂魄摄走。女婴在鼻子上用红胭脂点个红点，也有吉意。由"出窠娘"（慈城等地对服侍产妇妇女的称呼）撑纸伞，产妇抱婴儿到外婆家。在外婆家里，左邻右舍都纷纷前来看这个外甥辈，她们总要或多或少地送一点礼物，或挂一串长命线，有的还要在长命线里吊一两张纸币。

在将要离开外婆家的那天，外婆拿出用铜钿板串成的宝剑（俗称"铜钿宝剑"）挂在婴儿身上，说是可以"驱邪"。

4.百日

婴儿出生一百天，即百日，也叫"百岁"，举行祝贺礼，为婴儿剃发。剃发需由祖父抱着在堂前进行，在囟门及脑后留一撮头发，叫"留百岁毛"。古人有语"人之肤发受之于父母"，因此又称"孝顺发"。剃下的胎毛有的专门请店家制成毛笔永久保存，说今后长出的头发会又黑又密。剃完头，给婴儿穿红着绿，由他人打开伞抱着，绕四邻走一圈，意为见世面，长大后能经风雨。

余姚、慈溪等地要给婴儿穿"百岁衣"，挂"长命百岁锁"。

"百岁衣"由外婆带来，要外婆亲手缝制，用各种颜色布料制成，穿上保小孩长寿。"百岁衣"也叫"百家衣"，就是用很多小的各色布片连缀而成的衣服。旧时是要向若干人家去讨布片来做的，据说穿了百家衣就可以消除病灾。百家衣由碎布做成，"百碎"是"百岁"的谐音，所以能讨个长命百岁的吉利。婴儿百日那天，由村中老妇人给小孩穿衣、穿裤、穿鞋，一边穿一边念：

老太今年八十八，乖乖宝宝穿衣袄。

穿的衣袄抲（抓）强盗，年纪活到一百八。

婴儿"百岁"所戴的帽子和所穿的鞋子由舅妈添制（图1-7），裤子由产妇姐妹缝做。《姚江竹枝词》有：

外婆棉袄百岁衣，外甥皇帝虎头皮，

红红绿绿花裤子，舅妈鞋子针头齐。

图1-7 近代"百岁"婴儿童帽（宁波服装博物馆）

婴儿"百岁"时所戴的佩饰由外婆带来，也有家族祖传的。男孩挂"长命锁"，用红线系在颈项，其材质有铜、银、金三种，制成旧时锁状，保佑孩子长命，正面写有"长命富贵"，背面雕有双龙图案，条件差的人家，用红线穿铜板，系在小孩颈项上代替长命锁。女孩挂"玉如意"，用玉石制成，上刻有"吉祥如意"，背雕双凤图案，系在女孩颈项上，希望其健康成长。待孩子长到16岁时才能取下，如16岁还不取下，待结婚入洞房时取下。有的地方戴银项圈，其用意与戴长命锁同。

余姚等地旧俗：长命锁戴佩前，要放在祭祀桌上作供物祭供，以求神明、祖先保佑孩子长命百岁。长命锁等珍贵之物，孕妇、寡妇忌碰；戴佩时选择已上了年纪、福气好的长辈给孩子戴上。

5.周岁

小孩一周岁举行的第一个生日礼仪，要举行一些仪式：

如"行抓周"，卜小孩一生事业吉凶、命运的仪式。"抓周"喻小孩将来前程。

另一个重要的内容是"试新鞋"。黄布制成小鞋，绣虎头和"王"字，小孩穿上试走路，以后会有脚力。余姚等山区信仰小孩试新鞋，走过在地上画上老虎、野猪脚印，这样脚劲会好，上山下岗、砍柴背毛竹走起路来快如飞，长大了不会吊脚筋，河里淹勿死。

"虎头鞋"是外婆送的。虎头鞋用黄布精制，鞋头绣老虎头，虎额绣"王"字。虎是百兽之王，穿虎头鞋被认为可以壮胆驱邪。

过周岁时，讲究一点的人家还给孩子戴书生帽，上绣有梅兰竹菊"四君子"形象，裹上绣有向日葵纹饰的披风，在孩子的上衣口袋里放入铜钱、毛笔、墨块等物品。在宁波人的心目中，梅花意志坚强，兰花温文尔雅，菊花有信心，竹子有力道，而向日葵则代表前途无量。

有的在"够周"（即周岁，俗语）那天，给小孩挂上长命锁、护身符（黄袋）。"够周"时，外婆得掏腰包，购买一套新衣服，节约的人家自做一套送过去。

宁海等地在小孩"够周"时要办周岁酒。

宁海籍作家柔石写于1930年的《为奴隶的母亲》中有这样一段描写：

秋宝一周纪念的时候，这家热闹地排了一天的酒筵，客人也到了三四十，有的送衣服，有的送面，有的送银制的狮子，给婴儿挂在胸前的，有的送镀金的寿星老头儿，给孩子钉在帽上的，许多礼物，都在客人底袖子里带来了。他们祝福着婴儿的飞黄腾达，赞颂着婴儿的长寿永生。

二、诞生服饰和佩饰

1.虎头鞋

虎头鞋是童鞋的一种，为1~3岁幼儿所穿，寓意避邪和孩子长得虎虎有生气（图1-8）。据传其起始迄今至少有千年以上的历史，一般应该是奶奶、外婆或姑姑做给孙子、外孙或侄子穿的，现在还有一些地方保留着姑姑应做三双虎头鞋给侄子穿的习俗，并要求第一双是蓝色（寓意拦住孩子不夭折），第二双是红色（寓意红色能克邪消灾），第三双是紫色（寓意孩子有自主能力）。所以俗语有"头双蓝、二双红、三双紫落成"的说法。

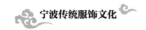

图1-8 高帮虎头鞋（宁波服装博物馆）
帮内外侧绣一幅红牛和圆花草图案，呈对称，夹里为淡蓝色绸。该鞋子尺寸小，软底，为一周岁以内婴儿穿着。

2. 百家衣

旧时，慈溪胜山一带的老百姓认为，自己的小孩常常生病是因为吃饭、穿衣不当的缘故。所以，大人们一旦发现自己的孩子经常生病，就得去左邻右舍处讨布块。这布块是有讲究的，一般都是些土布，并且是要不同的颜色。大人们在讨要这些布块的时候，必须得掌握几个要点：土布的颜色要鲜艳，不能随便在旧衣服中剪一块土布了事，而且尽量要避免土布的颜色重复，努力使百家衣的色彩丰富；土布的大小也得控制，过去的生活很艰难，穿衣是家庭的重大支出，如果要求每块土布都很大，便会增加左邻右舍的负担；如果太小了也不好，裁缝的活儿不好做，所以以巴掌大小为宜，等等。因此，每家每户都准备了一叠巴掌大小的布块，以供邻居们做百家衣时用。百家衣的材料搜集齐全以后，由裁缝为孩子定做衣服，衣服做成后，孩子要经常穿，以消除百病。

3. 寄名锁

寄名锁，也称长命锁。旧时怕小孩养不大，往往按迷信的做法，在神佛处"寄个名"，表示已是神佛的子孙，那么"诸邪回避"，就可消灾得福，长命百岁了。所以旧时小孩的名字往往取"关宝""包兴""张富"等。寄在"关圣帝君"名下的取"关"字；寄在"包龙图"名下的取"包"字；寄在"张神菩萨"

名下的取"张"字，依此类推。而寄名后，神佛的"代理人"和尚、道士则把"寄名锁"套在孩子的脖子上，这种锁，其实是银质或铜质的锁片而已。一般要做到锁不离身，直到长大成人为止。

第二节　婚嫁服饰礼俗

结婚是事关传宗接代的大事，所以程序烦琐，礼仪众多。"父母之命，媒妁之言"是旧婚俗的封建特征，旧婚俗源自古代六礼（纳采、问名、纳吉、纳征、请期、亲迎）。在宁波，普通婚俗有提亲、定亲、成亲、成亲后四大程序，每个大程序中又有许多小程序，如成亲阶段有"请吃酒、安床伴郎、坐花轿、开面、上轿、拜堂、贺郎酒、吵新房"等多道程序。

在诸多程序中，服饰是重头戏，有时还起到了关键作用。

一、订婚制鞋、送鞋

在宁波旧俗婚礼中，是要考验女子的女红水平的，其中鞋子充当比较重要的角色。

清代光绪年间，在鄞县（今宁波市鄞州区）一带，其婚姻民俗中，有下定送履之习俗。当地婚俗，先派媒人在两家传讯请示，如果经过卜吉，谈妥婚事，男方便向女方送礼，谓之送"日子帖"，这时女家要派人请男家把曾祖母、祖母的鞋式拿来，由女家根据大小长短式样，精心制作。下定时，男家备金珥、钗钏、丝串以及牲畜、酒饼等送往女家，女家举行酒宴款待。回帖时，在答礼中除其他礼物外，必以做好的鞋履加锦膝蔽、绣袋五串或七串置回簏中，带回男家，以表未来媳妇孝敬之心。还有一些地方如奉化大堰一带的习俗，则要求这些新鞋必须由新娘亲手缝制，并且要随嫁妆一起发往夫家，这种鞋有专门的名称，叫"上门鞋"。"上门鞋"被放在杠箱中最醒目处，待嫁妆到夫家时，七大姑八大姨会抢着研究这些鞋做得是否精致，其手艺有可能关系到新娘在婆家其他女人心目中的地位，还关系到夫家的门面。宁海习俗，送鞋是在结婚请吃茶环节进行的，新娘要给夫家的长辈每人送一双鞋，这是

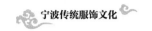

先前做好的，如果夫家的长辈很多，女方家往往会请许多妇女来帮助做布鞋。平时，妇女很少送鞋给朋友，认为这样会把自家的财气送给别人。

另外，鄞县一带借传说中老虎是一种"节"兽，有很强的贞节行为之说，"虎头鞋"成了夫妻间恩爱相守、白头偕老的象征，故新婚时有些新郎和新娘各备一双，以示相互祝愿。

在订婚阶段，还有一些服饰起到了"传情达意"的作用。

在宁波城区，定亲前议亲，议亲始议"小礼"，这些礼中既有食品类的，也有服饰类的，一般为"四洋红"或"六洋红"（绸缎衣料4~6件），金戒指两只、金耳环一副。

宁海习俗，男女青年经媒人说合成功后，要办定亲手续，叫作"定恳贴"。男方除准备"恳贴钿"，并把它包进大红被面里外，另外还要准备小儿肚兜、涎围，肚兜里放生花生、生南瓜子，寓意为"加子加孙"，连同"恳贴"等由媒人送往女方；中午女方办酒席，还要准备郎衣、郎鞋、衬衫、内裤一整套，连同炒花生、炒南瓜子等若干，由媒人送到男方。

"若要富先做裤，若要发先做袜。"老慈溪一带习俗，婚后第二天，新娘子的父亲带着舅子（新媳妇的哥哥或弟弟）拿着金团、针线包和尺子来婆家会亲，这是当地一个非常重要的礼节。五天后，新媳妇便要用娘家带来的针线象征性地做一些女红。

二、上轿开面、上头

1. 开面

传统习俗，女孩子自出生至结婚前，面部不许剃，不许拔面毛，到结婚前一天，行"开面"礼。女家喜娘用五色棉纱线为新娘绞去脸上汗毛，俗称"开面"，客人兴吃"开面汤果"。女家中午为正席酒，也叫"开面酒"。

首先准备香汤（柚叶八片，红枣八颗，银圆一块，红糖少许煎成）一盆，燥粉一盒，粗线一根。选村子里"八字"好的妇女，条件要父母、公婆双双健在，夫妻团圆和睦，儿女、子孙满堂。寓意是：让她给新娘开面，会给新娘带来一辈子的幸福、平安、健康，以后生下的儿女也像这个妇女一样幸福。

开面时，先让新娘用香汤沐浴，更换上新内衣裤，在闺房内端坐，开面福婆用围巾围好新娘，用燥粉搽满脸，使面部毛孔都沾上燥粉，这样面部汗毛根根竖起，再将粗线在新娘面部搓滚，使面毛夹在线中，粗线不断绞动，能去尽新娘脸上细毛，然后再梳洗打扮。

女子一生只开一次面，作为嫁人的标志。意思是开了脸就不再是任性撒娇的姑娘了，须是能吃苦耐劳的人妻人母了。

宁海傅先生提到：新娘子开面，现在60岁以上的村民人人皆知，新郎开面，晓得的人很少很少。只有八九十岁的老人和七八十岁的老理发师会晓得。男人自出生到结婚，面部不许用剃刀，不刮胡子，不刮面毛，到结婚前一天行开面礼，理好发，再用剃刀刮去面部所有面毛，剃去胡须。这是新郎的开面礼。新郎理发那天，往往灯烛辉煌，所以在鄞州古林一带，新郎理发也叫理"灯下头"。

2. 上头

在迎亲之前，男女两家会分别进行上头仪式。上头仪式于大婚前一晚或正日举行。上头象征一对新人正式步入成人阶段，要组织新家庭，肩负起"开枝散叶"的使命。所以须择好时辰，男方要比女方早半个小时，男女双方需先沐浴，并由"堕民"嫂（现在已无此项专职妇人，则由好命婆担任）以柚子叶烧水洗身（据说柚叶可涤除污秽）。之后，换上全新的内衣裤及睡衣，靠在一个可以看见月亮的窗口就座，由"堕民"嫂替其梳头开面。准新娘的头发会梳成发髻，以示她嫁作人妇后踏入成人阶段。梳头的同时，堕民嫂要说出押韵的吉祥语句，如：

一梳梳到尾，二梳白发齐眉，

三梳儿孙满地，四梳梳到四条银笋尽标齐。

语意是祝颂新人能同偕白首，婚姻美满。同时要"开面"。最后，"堕民"嫂需把扁柏及红头绳系在新郎或新娘头上，这样才算完成上头仪式。由于上头是父母为儿女祝福的一种仪式，所以较为重视。

宁海习俗，新娘梳头要用男方带来的家什（俗叫梳头家什）。

上头仪式来源于古代的笄礼。在古代，女子插笄是长大成人的一种标志，到时还要举行仪式，行"笄礼"。笄礼源于周代。据《仪礼》等书记载，女子

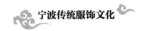

年满15岁就被看作成人。在此之前，她们的发式大多做成丫髻，还没有插笄的必要。到15岁时，如果已经许嫁，便可梳挽做成人的发髻了，这时就需要使用发笄。古时称女子成年为"及笄"，就是这个意思。至于还没有许嫁或年龄不满15岁的女子，则仍然保持原来的发式，两者区别十分显著。如果没有许嫁，到20岁时也要举行笄礼，由一个妇人给及龄女子梳一个发髻，插上一支笄，礼后再取下。女子行过笄礼之后，不仅要学着成年妇女的样子，挽髻插笄，还要在发髻上缠缚一根五彩缨线，表示其身有所系。从此以后，她的言行举止都要严加检点，在一般情况下，必须深居闺房，不与外界接触。一直到成亲之日，方能由她的丈夫把这根缨线解下，因为她已经成为妇人，不再需要这种标志了。

笄之礼与冠之礼是我国汉民族传统的成人仪礼，是汉民族重要的人文遗产，它在历史上，对于个体成员成长的激励和鼓舞作用非常之大。

3. 结发

老慈溪习俗：堕民要给新郎官剃"好日头"，行头礼，并取头发十根，带往新娘家，与新娘梳下的头发绞弄挽成花结，意为"白头到老"。

"结发"来源于古代婚礼中的一项习俗，称为"结发礼"，男女结婚以结发为证。周代已经有一种"合髻"的习俗，"合髻"即"结发"，一直流传到后世。在结婚仪式上，新郎、新娘饮交杯酒以后，以男左女右的顺序坐在床前，各取一缕头发，结成同心结样式，抛于床下，这样，仪式才告完成。《新五代史·刘岳传》中有"其婚礼亲迎，有女坐鞍、合髻之说"。

三、婚礼服饰

宁波婚服不仅因时而异，而且因地而异，如农村比较朴实，而城镇比较华丽。一般说来，在清代，新郎穿长袍、马褂，新娘身着霞帔，头戴凤冠。辛亥革命后，新郎一般穿中山装，戴礼帽，新娘则佩金银首饰，穿红缎绣花衣、绣花鞋。也有不少地区流行欧美式的婚服，新郎西装革履，新娘身着用白色精细的网眼织品和丝绸传统材料制成的拖地礼服，戴长长的拖地披纱。

20世纪30年代，推行文明婚礼，城市率先举办集体结婚，新郎、新娘、证婚人、宾客的服饰崇尚西洋，新郎穿西装，新娘披婚纱。自二三十年代以来，粉红、浅蓝色也是婚服的流行颜色，有些新娘还戴面纱。白色长礼服是最受欢迎的，而血牙色礼服也受到青睐。新娘往往还佩带金项链或珍珠项链，头戴鲜花或绢花制成的小环形头饰，手中还捧着一束鲜花。一般喜欢用玫瑰花、石竹花、香橙花等，这使鲜艳的花卉与洁白的礼服形成了强烈的色彩对比，从而增添了新娘的容貌之美。其中，余姚地区婚服具有代表性。

余姚传统婚礼服饰反映了鲜明的地方特色，以女性为最，颜色鲜艳，拼接讲究，镶边细致，绣花精美，同时又体现了传承。

1. 结婚礼服

余姚旧俗女性主要婚礼服装，面料以绸为主，一般有三套，即迎亲婚服、婚礼仪式婚服和婚后礼服。

第一套为"迎亲婚服"，是男方迎亲时送给新娘穿的，多用蓝绸缝制成棉袄、夹裤，俗称"贴肉棉袄夹裤"。新娘结婚时，头戴黑绸做面、红绒布做里、正中镶宝石、两侧镶银饰件的"凤冠"，身穿"贴肉棉袄夹裤"。民国初期盛行腰束红或绿绸长裙、杏黄汗巾，脚穿橘黄色纱袜，姚北海头还有余姚土布制成的颜色鲜艳的棉纱袜，着扳趾头绣花鞋，即"玉堂富贵"花鞋，轿前摆放"福寿齐眉案"备用花鞋。这套衣服除了婚礼时穿用外，还用在下列场合：第二天新娘回娘家；结婚后第一个春节回娘家拜岁；参加母亲50岁以后的"念佛开斋"仪式；参加至亲好友婚礼。

第二套为"婚礼仪式婚服"，是举行结婚仪式时的婚礼服装，称"牡丹富贵婚服"。婚礼仪式婚服以红为主，是家境条件较好的大户人家为婚礼而准备的一件婚服；一般农户人家仍穿用由男方送的"贴肉棉袄夹裤"，或者自备的大红绸袄，或与花轿一起租来的婚服。新娘仅在花轿上和举行婚礼时穿用。新娘头戴珠宝凤冠，身穿粉红色或紫红色绣凤彩牡丹花卉花衣，姚西还流行穿"花裙"。

此习俗，宁波各地均类似，奉化江口一带的《新婚茶话歌》唱道：

头戴小珠花，

面罩绣球花，

身穿牡丹花，

脚踏实地应夫家。

第三套为"婚后礼服"，是新娘在婚后日常生活和劳动时的衣服，一般都用余姚土布缝制，自家纺织。上衣是靛青色土布加袄；下着蓝底白色印花土布裤；脚穿自制蓝色棉纱袜。这套衣服色彩深沉、式样简朴。同时，由于工艺落后，新婚期间的被褥也是用靛青色土布做里，颜色极易脱色；新娘子脸上、颈间常被染上青色斑纹（图1-9）。

图1-9　20世纪40年代蓝印花布被面（宁波服装博物馆）
整幅被面为蓝底白花纹。中心纹印由吉庆有余、牡丹、童子三幅图案组合而成，边框用白色小点直线排列，并有数幅年年有鱼（余）图案围成150厘米×150厘米的正方形。

象山涂茨镇一带，结婚时流行唱"看新妇"歌谣。就是由一位能熟记"看新妇"口诀的"贺郎"（新郎的伴郎，共有4人）口中念念有词，从柴门念到道地，念到中堂，念到酒桌，念到洞房，最后是边看新娘边念。所念的内容往往围绕新娘子的婚服展开，以增加婚庆热闹吉祥的气氛。

双袋下巴木鱼形，要看新娘五令袄；

第一令袄是圆领，拜过天地敬众人；

第二令袄是蓝衫，必定新娘手头乖；

第三令袄红丝绸，丝绸棉袄赛乌油；

第四令袄丝绒线，赛过天上活神仙；

第五令袄是汗衣，贴心贴肺心欢喜。

…………

再看新娘一双时式文明脚，穿的是红丝袜还是绿丝袜。

身上花草都看齐，漏落新娘一副耳朵皮，耳朵厚皮厚福多喜相。

一挂珠环又二挂，二挂珠环挂两边，要看新娘美女肩。

美女肩并齐高，白头夫妻同到老。

…………

2. 结婚礼鞋

结婚礼鞋又称"结婚花鞋"。鞋子上绣花，共有三双婚礼鞋。

第一双是新婚的"踏糕鞋"，余姚旧俗称"福寿齐眉"花鞋，是婚礼时的一双备用鞋（图 1-10）。花样由蝙蝠、双桃、荸荠、梅花、千年叶和芙蓉组成。"蝠"是"福"的谐音，"桃"和"千年叶"（即万年青）均是长寿的象征，"荠"

图1-10　"福寿齐眉"绣花鞋（宁波服装博物馆）

是"齐"的谐音，"梅"是"眉"的谐音，以祝福新婚夫妻"福寿双全""举案齐眉"。

第二双是举行婚礼时穿的绣花鞋，称"玉堂富贵"花鞋。花样由玉花、海棠、芙蓉、桂花等花卉组成，各取花卉名称的一个字，或一个字的谐音，组成"玉棠富贵"的名称，这是一双体现女性绣花针法水平的花鞋，婚礼后终生收藏。

第三双称"梅兰竹菊"花鞋，是新婚期间的替换鞋，与"福寿齐眉"花鞋交替穿用，绣有"梅花""兰花""翠竹""菊花"四种纹样。

上述三双婚礼鞋，都绣有"千年叶"的纹样，以此祝福新婚夫妻百年和好（图 1-11）。

图1-11　"摸鲤鱼"

　　新郎新娘拜过堂，新娘子进入新房坐床，男孩子们受大人之命要去摸新娘子的脚，这叫"摸鲤鱼"，用意所在，现在猜想大概是图个吉利吧（贺友直．贺友直画自己．上海：上海书店出版社，1997：18）。

　　余姚低塘镇93岁老人张雅琴讲述了她1936年结婚时的一些情景：

　　当时结婚，新娘坐花轿，其他人如堕皮嫂等陪嫁人员坐亲轿去夫家。在上轿前，新娘一般穿红色缎子棉袄，下面的裤子没有特别的规定，我穿咖啡色棉裤，红色缎面鞋。上轿时穿旗袍和梦裙（音，疑为网裙），头戴花冠（这时穿的旗袍和花冠一般都由租轿的店提供），上顶红盖头。同时新娘的头上顶一个绣球，胸口置两个绣球。新郎则穿长衫马褂，头戴红顶瓜皮帽，脚登皮靴。颜色无特别的规定。

　　喜宴开始，家境好的人家每上一碗菜新娘子就要换一套衣服（这一风俗至今仍保留，只是稍有改变，现在的新娘只要在喜宴间换一两套衣服就可以了）（图1-12）。

图1-12　民国婚礼服（宁波服装博物馆）

面料采用大红软缎，绣花工艺为金银彩绣和盘金线绣。为贳器店的遗物，是存世极少的原汁原味的新娘出轿衣。

1912年，民国政府颁布新礼制和新服制。《中华民国礼制》规定：男子礼为脱帽鞠躬礼，女子为不脱帽鞠躬礼。男子礼服分大礼服、常礼服两种。大礼服采用西式大衣，西装领，衣长与膝齐，袖长与手脉齐，前为对襟，后身下端开叉，边角略呈圆弧形；常礼服规格与大礼服大同小异，异在下摆和前襟没有弧度。另外，纽扣部位一为三粒双排扣，一为三粒单排扣。在面料方面，大礼服用本国黑色丝织品，常礼服用本国黑色丝织品、棉织品或麻织品。不过，当时虽然政府有规定，然而民间实行的并不多，尤其在农村，还是奉行传统的装束（图1-13）。

图1-13　20世纪30年代紫红色大襟短皮袄（宁波服装博物馆）

据捐赠者介绍，该件马褂是她表哥的婚礼服。

婚礼结束后，当夜，宁波各地均有吵新房习俗。有谚语云："三日呒大小。"成亲那天新娘不多与客人说话，吵房时先逗新娘开口，看其衣裳纽扣，五颗纽扣说是"五子登科"，看其脚髁头，说是看老寿星。闹至午夜始散。

四、"浙东女子皆封王"

在宁波旧时婚礼中，只要条件许可，新娘总是穿戴凤冠霞帔，乘坐龙凤花轿，且有半副銮驾在前导引。须知这是皇后娘娘和帝王御妹、公主才能荣享的大礼，普通民女何以能享此殊荣？此俗源出南宋时"民女救康王，康王赐凤冠"的传说。

图1-14　宋高宗赵构像

1129年，宋高宗赵构（图1-14）被金兵追杀，至宁波西乡某晒谷场，当时，四周一片空地，无处可以藏身，眼看金兵即将来到，晒谷场有个农家姑娘，身旁有很多竹箩，姑娘急中生智用竹箩把赵构罩住，解下了自己身上的布襜（南方妇女用蓝布做的围裙）盖在箩筐上，若无其事地继续翻晒稻谷，瞒过金兵。赵构为报救命之恩，也立下重誓，等天下太平，我派人来，把你抬进皇宫。姑娘问，何以为凭，赵构说，"布襜"为凭，挂你们家大门，还说，以秋为期。来不及问姑娘姓名，就急匆匆往东方向逃离而去，脱险后逃到舟山定海。1137年，宋高宗赵构派王伦赴金求和。1138年高宗回到临安，遂暂定临安为南宋偏安一隅的都城，又过起了锦衣玉食的皇家荣华日子。有一天，猛然想起逃难时救他的姑娘，为报救驾之恩，他有意将姑娘召入后宫，但当时在匆忙之中，没有问她姓名，只记得姑娘身上有一方布襜，就下诏书叫地方官员查找布襜姑娘。结果发现，整个西乡，家家户户，门上都挂有布襜，根本分不清哪家姑娘是宋高宗的救命恩人。赵构为了褒扬救命民女，又下了一道诏书，"浙东女子皆封王"，出嫁的时候准许穿戴凤冠霞帔，乘坐龙凤花轿，享用半副銮驾待遇。从此以后，浙东女子出嫁时就可以穿戴凤冠霞帔，坐雕龙描凤的金灿灿的大花轿了；时至今日，也只有浙东，依旧保存着龙凤嫁妆的传统。现在宁波天一阁的古迹陈列室中还存放着一顶花轿供大家参观；在市区还有一个叫"宋诏桥"的地名。

五、"婚庆一条街"——咸塘街

如现在的婚纱店出租婚纱一样，旧时也有专门租嫁衣的地方，有钱人家女儿出嫁一般都是去裁缝店做嫁衣，普通人家都租嫁衣，租两到三套，一般一套红色，一套粉色，另一套浅红色。上轿时穿粉色嫁衣，拜堂时穿红色嫁衣，浅红色为谢酒嫁衣。

宁波咸塘街曾经同现在的镇明路一样是婚庆一条街，常年有花轿来往穿梭，极为热闹。

清光绪年间《鄞县志》记载，此街原名"神虚观前街"，因神虚观得名。民国《鄞县通志》记载，因街东段有咸塘围旧迹，故名"咸塘街"。

新中国成立前的咸塘街充满了各种色彩，是一条被绸缎、丝线铺满的小街。街道两旁均为二至三层木质结构或砖木结构小楼，临街人家有一半以上开设有店铺和作坊，这些店主要集中在咸塘街20号到100号之间的范围，经营内容主要是衣帽、绣品等。

在咸塘街所有店铺里，当属出租婚嫁用品的店最多。宁波一带自南宋起就有皇帝下诏"浙东女子皆封王"的传说，因此宁波新娘的装束极尽奢华，可与宫廷的凤冠霞帔媲美。但一般人家由于经济条件所限，置办不了那么多婚嫁用品，出租行业就应运而生。大到描金绣凤的百工花轿、珠玉满头的凤冠、金丝彩绣的红嫁衣，小到精工细作的披纱，新娘子手中各色绢制捧花，新房里的桌围、床围、帐幔、门帘，都可以租用，只需来一趟咸塘街就可置办齐全。咸塘街上出租婚嫁衣物的店铺多冠以吉利上口的店号，规模较大的有"大吉祥""同吉祥""大吉号""新彩庄"等。咸塘街婚庆用品的红火也带动了周边大来街、车轿街、日新街一带的相关店铺，许多出租婚庆用扛箱、彩担、桌椅、炊具、碗碟的店也在周边兴盛起来。

到了新中国成立后，老式服装用品已不合时宜，咸塘街的绣衣坊也渐渐消失。

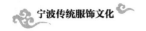
第三节 丧葬服饰礼俗

一、寿衣

1.预制寿衣

寿衣就是给逝者穿的衣服。

寿者，顾名思义，永生也，先人死后，孝子忌讳言死，而将死人所着衣服冠"寿衣"之称。因死者的衣着代表着生前的地位、财富和等级，所以给死者穿何种衣服，穿多少衣服乃至衣服的名称在旧时都是非常讲究的。一般来说，寿衣皆取单数，得吉利之意。现在，寿衣品种和花色已呈多样化，人们在剔除封建糟粕的同时，对民间的风俗习惯加以研究和改良，以满足丧家各种不同消费层次的需求。

寿衣在款式上也有性别、年龄的区分，其中性别差异明显而年龄差异些微。按照民间习俗，我国向来把老年人的丧事当作喜事来办，有红白喜事之说，因此老人的寿衣也往往采用鲜艳、花哨的颜色。

宁波有句俗语："三岁割寿材，到老用得着。"所以寿衣随时可以准备，不过一般都是50岁以后准备的。寿衣包括布衫、布裤、夹袄、棉袄、棉裤，女的再加一件外套和一条裙子，男的再加一件长衫、一件马褂和一顶西瓜皮帽子；此外还要有一条裤带，所谓"来一条脐带，去一条裤带"。寿衣的制作需要棉布、盘纽、棉花、缎子等。寿衣的袖子要长到将手完全盖平，并且不能有口袋。整套寿衣包括：寿衣、寿帽、寿鞋、寿袜、寿被。寿被用的是开领被，又叫亲身被，需要女儿缝制或购买。穿寿衣的时候要先穿衣服，后穿裤子，裤子要叠拢裤，用裤带绑住。此外，女儿还要买个衾给先人做披风。[①]

宁海习俗，女儿要在父母亲在世时先备好他们离世后的穿戴行头。所以，眼看父母亲身体不佳，或久病难痊愈行将辞世时，女儿就要请人缝制寿衣了。缝制寿衣的人应当是村中年龄大、福气好、会裁缝的老妇人。

---

① 汪志铭.甬上风物：宁波市非物质文化遗产田野调查 江北区·文教街道.宁波：宁波出版社，2009：53.

做男、女寿衣还是有区别的。

男寿衣，头戴的是方整帽，衣料为黑色棉布。上衣是长衫，有蓝色、灰黑色两种，里外双层，夹棉絮；还要一件单的，质地是多纹的绸缎；裤子蓝色或黑色，无花纹、光滑的棉布料；袜子和鞋都是市场上买来的，没有花纹，黑色。

女寿衣，戴包头纱，黑色绒布；上衣为蓝色、灰色或黑色有花纹的大襟衣或单襟衣，任选一种，里外各一套；裤子的颜色是蓝色，多纹，衣料为棉布；袜子和鞋都是市场上买，要有花纹。

值得注意的是，不管男、女寿衣，纽扣都是用布料或线代替。

宁海一带习俗，做好的寿衣放置在红板箱或老箱底。平时偶尔拿出来穿一下，称"暖身"。

2. 临终更衣

古人认为，人是从另一个世界投胎而来的，死后又回到另一个世界去，所以，人死后就要沐浴，要更衣，要举行仪式，以表"送行"之意。

临终，由长子或长媳套好寿衣（内衣），贴身穿暖后，再由长媳给公（婆）穿上。衣裳要着五套，其中一套是絮袄絮裤及新鞋，鞋面缝荷花。

二、丧服

1. 丧服制度概述

所谓丧服，就是人们为哀悼死者而穿戴的衣帽服饰，包括一些附属物。它根据与死者在血缘、姻缘方面的亲疏远近，有着严格的等级限制，形成斩衰、齐衰、大功、小功、缌麻五个等级服制，人们习惯上称它为"五服"制。五服分别适用于与死者亲疏远近不等的各种亲属，每一种服制都有特定的居丧服饰、居丧时间和行为限制。

在春秋战国就被确定的丧服制是一个以父系血缘关系为根本原则的缜密的宗亲联络图，它通过不同的丧服表明个人的身份以及亲疏远近甚至嫡庶，深刻地体现了宗法制原则和长幼有别、尊卑有别、男女有别等原则。丧服制是人类文明史上罕见的创制，影响所及，数千年来绵延不断。

民国之后，丧服制作为一种礼制不再获得法律的认同，各个阶层根据自己的需要对丧服采取或传统或西式的方式，丧服制终于退出历史舞台，仅仅

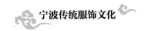

成为服丧活动中一种象征性的手法。但被儒家经典规范化、理想化的丧服制度，其影响是深远的，至今在一些农村尚未完全消失。

2. 宁波旧俗

死者眷属裁制孝服，谓之"破孝"。给来吊唁亲眷分白布裁制孝服，谓之"散白"。孝服有区别。

宁波旧时的丧服，一般是孝子戴"三梁冠"，即于白帽上扎以稻草绳，左、右、前各缀一颗烧纸棉球，草绳束腰；侄、孙辈戴"双梁冠"；玄孙则戴"单梁冠"。方顶男帽表示远亲，圆顶男帽表示嫡亲；孝孙于帽檐上别一圆形红布，表示孝中有吉。子孙辈均着素衣，系草绳，登麻筋草鞋，持"哭丧棒"（俗称：孝杖棒），表示自己悲哀过度，必须手持枝杖才能行走。送丧女性戴"孝兜"，着素衣素裙，穿白色鞋面、红布后跟之素鞋；孝兜妆如披风，有长有短，女儿、媳妇所戴最长。女婿穿白衫，脚穿蒲鞋，腰系白布。

另外，宁波各地还有一些独特的习俗。

余姚习俗

（1）男子丧时，平辈头戴白帽，身穿除红、绿色外深色的便装，脚穿黑色布鞋，前头缝上白小布条；晚辈以下直系家属须披麻戴孝，颈系麻线绳，腰系稻草绳，脚穿白鞋子；女子丧时，晚辈头披白斗篷，其他与男子一样。颈系麻线绳每逢七日祭祀剪下一截焚化，直到七七四十九天全部剪完焚化。

（2）矫健笄（朝开笄）。这是丧礼中的一种"头饰"，凡公婆去世，媳妇头上要梳"矫健笄"，这实际上叫"朝天笄"，缠以白头绳，当中横支一玉簪，把内外两圈贯串起来，一大一小，插在后额上，远远望去，好似头后耸立着一座白色的小山头，表示媳妇的身份。这种"朝天笄"，一般的人不会扎，要有专人负责。现在一是不扎了，二是也很少有人会扎了。

若妇女的父母、叔伯、丈夫亡故后，须扎"兰大头"。"五七"满后，仍须扎夹有白绳线的"平头"。

宁海习俗

丧事用品有一定的尺寸规定。[①]

[①] 宁波市文化广电新闻出版局.甬上风物：宁波市非物质文化遗产田野调查 宁海县·强蛟镇.宁波：宁波出版社，2008：99.

（1）丧事白布制品尺寸

白帽布：长一尺九寸，阔按布幅门阔窄，一般一幅三至五条。

白腰系带：长四尺二寸，阔幅六至七条，窄幅五至六条。

长头巾1：（各长头素）女儿戴长九尺，一般布幅对开。

长头巾2：（各长头素）媳妇戴长三尺五寸，一般布幅可做三至四条。

长头巾3：（各长头素）侄女和一般客人，布长七尺，按布幅随定（可做三至四条）。

（2）孝杖制作

孝杖棒：母死用木（梧桐木），父死用竹（一般小竹均可），高度为至胸高；孝子、孝女、孝媳同用。

3. 丧葬服饰禁忌

一般禁忌：忌在寿衣上做纽扣，否则对儿孙不利。给死者穿的寿衣，其衣料以绸料居多，而忌缎料，这是出于"绸子"与"稠子"音同，可庇佑子孙兴旺；"缎子"则音同"断子"，有断子绝孙之嫌。忌用斜纹布料做寿衣。忌寿衣做成双件数。

服饰款式方面也有一些禁忌。如衣服的袖子要长，须将手完全盖住。忌讳袖短露手，否则，据说将来儿孙要讨饭的（图1-15）。

颜色方面丧事忌穿戴大红大紫，否则是对逝者及家属的大不敬。

宁海习俗，衣服及鞋不得用皮革和毛呢之类；裤带用纱带，不得打结。

图1-15　民国初期麻丧服（宁波服装博物馆）

该件麻衣为上衣下裳，从麻衣的长度尺寸分析，该件丧服为男式，应列为五大等级中的斩衰，即子为母披麻戴孝。

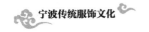

第四节　节庆服饰礼俗

　　节日是人类社会发展到一定阶段的产物，其产生与天文、历法、数学有密切关系，节日必须有一定的风俗活动。在风俗中，地方节日习俗表现最为丰富，也最具地方特色。宁波历代人文内涵积淀深厚，风俗源远流长，形成了富有特色的江南文明和习俗风格。地方志历有记载。如明代《成化宁波郡志·土风考》记载："明州三面际海，带江汇湖，土地沃衍。自宋以来，礼俗日盛，家诗户书，科第相继，甲于东南。"

　　服饰是人们在这些节日中采用的主要手段与工具，人们用各种服饰，以求吉利。这样节日服俗便产生了，人们把年节服饰和日常服饰区别开来，使节令处于特殊的民俗氛围之中，赋予它以深层意蕴，如春节要除旧迎新，清明节插柳，等等。

一、春节穿新衣

　　农历正月初一，旧称新年、元旦，辛亥革命后称春节，俗称"过年"，是中华民族最具民族特色的传统节日。而除夕是指农历腊月的最后一天的晚上，它与春节（正月初一）首尾相连。"除夕"中的"除"字是"去；易；交替"的意思，除夕的意思是"月穷岁尽"，有旧岁至此而除，来年另换新岁的意思。所以这期间的活动都围绕着除旧布新、消灾祈福为中心。南宋吴自牧《梦粱录》记载："士大夫皆交相贺，细民男女亦皆鲜衣，往来拜节。"《荆楚岁时记》记载，元日"长幼悉正衣冠，以次拜贺……"新年强调新衣。清代查慎行《凤城新年辞》记载："巧裁幡胜试新罗，画彩描金作闹蛾。"以全新的服饰形式，迎接新年的到来，集中地表现了中国人的祈福心理和着装意识。

　　春节是一年中最欢乐、祥和、隆重、热烈的传统佳节。"正月正，新新衣裳穿上身。"这一天，人们早起，穿新鞋、戴新帽，衣服里外三层新（布衬衣、夹袄和外袍）以示辞旧迎新，尤其讲究穿新鞋，一定要是从未下过地的新鞋，正月初一穿上有健步、稳步的意义，象征新年从脚下新开始，新年步步高（图1-16）。宋代四明人吴文英在《除夜立春》中写道："剪红情，裁绿意，花信上钗股。残日东风，不放岁华去。有人添烛西窗，不眠侵晓，笑声转新年莺语。"写出了人们迎春的喜悦心情。姑娘与少妇"剪红情，裁绿意"，她们把红绸绿纱裁剪作红花绿叶插上鬓发，辉映着金钗玉饰，迎接新年的到来。

图1-16　余姚柿林古村在新年到来之计，村民们纳年鞋（宁波网，2006-01-24）

二、元宵节盛装斗艳

元宵节，又称上元节，农历正月十五为正日，十三称"上灯夜"，余姚等地旧俗则择上灯夜为女孩子穿鞋缠足。各地活动丰富，盛装斗艳。热闹非凡的上元节晚上，孩子们戴兔帽，提兔灯，以地上的兔灯和广寒宫里的"月兔东升"相呼应。

清代宁海人陈其传在《龙山竹枝词》中写道：

元宵观喜动人家，男着新衣女戴花。

齐向外吴桥上去，外山庙里拜关爷。

清代宁海人冯松泉在《旗山竹子词》中也提到：

鳌山灯火庆元宵，凤管鸾笙紫玉箫。

遥望绮纨丛集处，钗光鬓影满河桥。

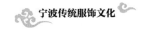

三、花朝节停针线

农历二月十二日，俗称百花娘子生日，古称花朝节。少女用绸缎缝制百花娘子布人孩（内塞棉絮），祈祷像百花娘子一样美貌聪明、会绣百花。是日，妇女停止刺绣和针线生活，并烧香点烛膜拜供在桌上的绣花绷子。清时，母亲为女儿缠足、穿耳孔，有择此日者。

民国初期宁波人张延章在《鄞城十二个月竹枝词》有云：

> 二月百花生日临，妇女十四（注：应为十二）作停针；
> 风光最好是初二，闺女露天烧点心。

四、清明节"戴杨柳"

据资料记载，清明节起源于秦汉时代，至唐宋时期，形成插柳、植树、扫墓、踏青等风俗。宁波习俗重祭祀，尤其以上坟祭祖、做清明羹饭为重，海内外游子多归故里上坟。上坟一般忌穿戴红色衣服及鞋帽，以示对先人的尊敬。

与其他各地一样，清明节宁波有戴柳习俗，但清明插柳戴柳，在我国大部分地区都是为辟邪之用，在宁波更寓"思青（亲）""人丁兴旺"之意。

宁波地区儿歌《清明戴杨柳》：

> 清明戴杨柳，下世有娘舅；
> 清明戴扁柏，下世有阿爸（"爸"音"八"）
> 清明戴菜花，下世有姆嬷（"姆嬷"即娘）
> 清明戴蛋壳，下世有饭吃。

另一个版本：

> 清明不插柳，死后变黄狗；
> 清明不戴柳，红颜变白首。

旧时，清明节小孩戴柳枝编的帽子，寓"思青（亲）"之意，妇女于发髻插柳叶，祈求永葆青春，并寓"春留人间"之意。老人则穿柳树皮编的草鞋，寓"脚健""长寿"之意，有儿歌"清明套杨柳，聪明加长寿"。

"有心栽花花不发，无心插柳柳成荫。"柳条生命力很强，插土就活。过了清明节，人们还会把小孩子头上戴的柳条插到小河边或门前屋外的地里，寄托孩子健康成长的美好愿望。宁海一带也有说是可保长年不受虫蛇伤害。

五、立夏挂"疰夏绳"

每年公历 5 月 6 日前后的节气称作立夏。

民间称夏季食欲不振、气候不适而消瘦为"疰夏"，所以俗以为用七彩丝线编成的花绳（"疰夏绳"）系于孩子的手腕或发辫上，可以消暑祛病，以防疰夏。"疰夏绳"又叫"立夏须"。

立夏节气，宁波民间活动有：外婆家要给外孙儿女送"立夏蛋"。用丝线编织的网络套子装蛋，一只挂在孩子胸前，另一只挂在孩子床帐边；还有用丝绦编的"立夏须"（慈城一带叫"立夏线"），系在孩子手腕上。成年人用"立夏须"盛一粒樟脑丸，挂在长衫胳肢下第一粒扣子上（图1-17、图1-18、图1-19）。据称，均能预防夏天的疾病。入晚，做"立夏羹饭"。是日，宁波习俗要吃"脚骨笋"，用乌笋烧煮，每根三四寸长，不剖开，吃时要拣两根相同粗细的笋一口吃下，说吃了能"脚骨健"（身体康健）。再是吃软菜（君踏菜），说吃后夏天不会生痱子，皮肤会像软菜一样光滑。

图1-17　立夏须（宁波非物质文化遗产网）　　图1-18　蛋套（宁波非物质文化遗产网）

图1-19　钩蛋套（集士港卖面桥村提供）

旧时母亲择此日为女孩子穿耳朵，穿时一边哄孩子吃茶叶蛋，当孩子张口咬蛋时即一针捷穿。

由于儿童或体弱者在夏季出现减食、神倦、身瘦等征，俗称"疰夏"，因而悬秤称人成了这一天正午的重要活动，无论老幼都参与，以验一年之肥瘦，作为是否疰夏的依据。

六、端午节挂"健绳"、香袋，描老虎

农历五月初五为端午节，节日的形成定型是在汉魏六朝，至唐、宋而兴盛繁荣，尤其是在宋代，由于皇帝自上而下的大力倡导，成为一个重要的节日。

端午节作为一个重要的节日，在服饰上也有充分的表现。

1. 健绳（长命线）

健绳是端午节特定佩饰之一，长辈们往往用五色彩线编成绳子，悬在小孩胸前，有的缠在小孩的手上，男左女右，慈城一带称"缠手绳""长寿绳""健绳"，宁海人称这种彩绳为"端午壮"（图1-20）。象山南田岛一带认为五色线就是五条龙，"五龙在身，百病不进"，小孩的身体像龙一样健康。以后弃绳时，要粘上糯米饭，抛至屋瓦上让飞鸟含去（粘去），谓孩子可无病无痛、长命

图1-20　五彩绳

百岁。南宋鄞县人史浩在《花心动》词中就写有"把玉腕、彩丝双结"的句子。

2. 香袋

　　端午节佩香袋的习俗在中国各地都有，在宁波同样十分兴盛。端午节制作和悬挂香袋，在从前的宁波是非常流行的。每年端午前夕，城乡女子便着手缝制各种形状的香袋，有用零碎绸缎缝制的，有绣花的，也有用五彩丝线缠出来的；最常见的是鸡心形、粽子形，还有菱形、鱼形、元宝形、葫芦形等（图1-21、图1-22、图1-23）。这些香袋争奇斗艳，呈现了妇女们针线手工之巧，而且各有寓意，如老菱香袋，象征孩子聪明伶俐；蝴蝶香袋，象征夫妻相亲相爱；老虎香袋，象征"虎虎有生气"；仙鹤香袋，象征"仙气"；牛头香袋，象征"压邪气"，等等。古代武士型香袋象征健康、强壮；才子佳人型香袋则象征漂亮、年轻快乐。

图1-21　绣球形、心形香袋
（马兰芬作品）

图1-22　生肖香袋
（马兰芬作品）

图1-23　"小童学爬"香袋
（宁波非物质文化遗产网）

对头年结婚的新媳妇来说，端午节前做香袋尤其是一件重大的事情，新媳妇们往往要做上百只香袋，在端午那天分给邻居和亲戚，更有小孩们向新媳妇讨香袋。香袋中自然是要放些香料的，这些香料有提神通窍、涤浊除腐、驱赶蚊蝇等作用。端午节那天，将香袋挂在孩子的胸前，或悬于床帐上、摇篮边，意为驱瘟辟邪、蚊蝇不侵、无病无灾。

香袋的由来，还有个古老的传说。每年农历五月初五午时，"三五"相重，就是五月、五日、午时（"午"音同"五"），是魔鬼的时辰，这个时辰所有妖魔鬼怪都要出来活动，所以古人又将端午节叫作"重五节""五毒日"。传说古人很难避过这个时辰，如果能避过就能平安，不然就会被鬼怪害死。观世音菩萨托梦给人们，说妖魔鬼怪最怕金属、香气，只要你带上金属或香气之类，就能避过妖魔鬼怪之害。一传十，十传百，观世音菩萨托梦救人的事很快便传开了，于是在这一天午时，人们就在身上佩戴各种各样的金属或香气之类来避邪，结果都平安无事。从此，人们每年在这天佩戴金属或香气之类的东西，时间久了，就渐渐地发展为今天的香袋。

"宁波的传统香袋做法，一直以来很少吸取外来文化，所以，从宋代开始就保持着自己的传统和特点，比如驼背小人，一看就知道是宁波人绣的。"[1]

3. 描老虎、做布虎

宁波人还有描端午老虎的习俗（图1-24）。民国张延章《鄞城十二个月竹枝词》说："五月端阳老虎画，艾旗蒲剑辟群妖。雄黄红蘸高粱酒，苍术还须正午烧。"描端午老虎就是借"百兽之王"老虎来驱魔镇妖、祛鬼辟邪。端午老虎可以用毛笔和水彩直接在纸上描，也可以用一张半透明的纸，蒙在一张老虎图案上依样画葫芦，描好后贴在家中里里外外的门上。与此作用类似的还有做布老虎、虎头枕头、虎形香袋，用艾叶扎虎形的"艾虎"，等等，镇海等地有"年年端午五月五，剥过粽子做布虎"的说法。

端午期间，在宁波常可看到小孩子身穿虎皮纹衣裳，脚蹬虎头鞋，额头上用雄黄写着"王"字（老虎头上的花纹），像小老虎一样跑来跑去。不过，

① 东南商报，2009-05-24.

图1-24　画"王"、画"端午老虎"

（贺友直. 贺友直画自己. 上海：上海书店出版社，1997：56）

宁波人绣的老虎，并不特别威风，倒是有点可爱，两只耳朵特别长，但也成了宁波老虎的特点（图 1-25）。

图1-25　虎头鞋（宁波鄞州区下应街道网站）

七、夏至插栀子花

夏至这一天，妇女用粘头树水刷头发，乌黑光亮。衣襟及头上插栀子花或白兰花，香气清新幽雅，以解黄梅天涩勃勃的霉气。

有的地方，如象山茅洋，栀子花是在端午节戴的，有谚语说："端午不戴花，下世无娘家。"

八、乞巧节槿树叶洗头

农历七月初七，传说天上银河两岸的牛郎织女一年一度鹊桥相会，民间称"乞巧节""汰头节"。

在七月初七，民间要进行乞巧活动，即向织女乞求智巧。

传说织女聪颖美丽，多才多艺。她不仅会织云锦，而且还能缝无边的天衣。七月初七织女与牛郎重逢相聚，心情格外舒畅，如果在此时向她乞求，她定会将自己的技艺毫无保留地传授给人们，人们从此就可以除去笨拙，求得心灵手巧。乞巧习俗反映了劳动人民要向织女学习劳动技能的强烈愿望。

甬地《十二月风俗歌》唱道：

> 七月初七乞巧齐，牛郎织女会河边；
>
> 姑娘带花坐道地，仙女下凡赐福气。

在宁波，还有"牛郎织女相会，槿树叶洗头"一说。旧时妇女于此日采摘槿树叶揉成汁液，放入水中洗头发，相传织女用槿叶汁洗头，故头发乌黑（图1-26）。

图1-26 妇女们用泡过苦槿树叶的水洗头（宁波网，2006-08-30）
在"七夕"这天，妇女们要用泡过苦槿树叶的水洗头，这是象山西周镇夏叶村流传至今的七夕习俗之一。88岁的沈梅凤老人自懂事起，就一直用苦槿树叶洗头。她对记者说："用苦槿树叶酿出的水洗过的头发顺滑，不痒，还不长头皮屑，可保持一年头发乌黑呢。"

是夕，妇女陈列瓜果于月下，乞求得到织绣技巧，在月下以线穿针，以能穿过且穿得快者为"得巧"；仰望星空，认准一组七颗星，连念"锁星犁星，七簇扁担稻桶星，念过七遍会聪明"，一口气念七遍，成者，谓乞巧。亦有相约去茄树丛中卧地贴耳听声响，听得锵锵声音者以为织女来临，视为得巧。亦有以三条长凳搭桥，两条相接，另一条搁于上端，少女相扶走过凳子，称七女"走仙桥"。

这一天还有包红指甲的活动。农历七月，凤仙花（宁波称"满堂红"）盛开，少女捣花汁以染无名指及小指，后发展为十指全染，谓之"包红指甲"。包法，用满堂红花掺和少许明矾捣烂，睡前用豆叶或夏布缠裹指甲，如此三四次则其色深红，亦有以白花包者则成玉白色。其色短期洗涤不去，日久渐退，故引人喜爱。俗传包过红指甲的手，腌咸菜、苋菜股、臭冬瓜不易坏，能延至次年正月初一不褪色。一来有装饰作用，美观大方；二来有保护指甲的功能，据说能降低灰指甲病的发生；三是可以起到祛秽辟邪等作用，蚊子闻其气味会远避之。包扎者多以妇女、儿童为主，个别为辟邪的成年男人也包扎。

九、中秋节衣着华丽"走月亮"

中秋，最早源于古代帝王秋天祭月的礼制，后演变成赏月、团圆的风俗，农历八月十五中秋节，全国皆然，是个大节，唯宁波兴十六日为中秋，有"宁波月亮十六圆"之说法。往日在甬江、姚江上，有渔歌唱晚："月儿圆圆照九州，宁波十六过中秋！"民国时，张延章在《鄞城十二个月竹枝词》中也唱道：

> 八月中秋月饼圆，节筵都作一天延。
> 城东更比城西盛，鼓吹通宵闹画船。

宁波以十六日为中秋的来由，传说很多：如"康王避难"说——王樾的《秋灯丛话》说，北宋末年，康王赵构（即宋高宗）率领朝臣和部分百姓，南渡往临安（今杭州），途中为金兵所迫，恰于八月十五这一天，逃到宁波府下慈溪（今慈城）一带躲避。当地百姓不忍心在皇帝逃难到达的这天过节，就将中秋节推迟到第二天，从此，800多年来，慈城百姓一直坚守着八月十六过中秋，改变了浙东八月十五过中秋的习俗。有民谣传唱道：

> 泥马渡康王，中秋慈城藏。
>
> 十五不成圆，十六赏月亮。

除此之外还有"勾践孝母"说、"太师（史浩）路耽"说等。

旧时宁波一带中秋节活动应该是相当热闹的，有文献资料为证。清时万斯同《鄞西竹枝词》云：

> 鄞俗繁华异昔年，田家何事尚依然。
>
> 西郊九日迎灯社，南郭中秋斗画船。

清时袁钧《北杂诗》云：

> 鄮峰（史浩号）寿母易中秋，七百年中俗尚留。
>
> 从此非时来竞渡，家家十六看龙舟。

从诗文中可以看出，演戏敬神、闹画船、赛龙舟是旧时中秋节的重要活动。

中秋节在民间还有一些富有趣味的习俗和游戏。譬如"走月亮"，在慈溪一带很是流行，每当中秋夜晚皓月当空之时，男男女女衣着华丽，三五结伴，动荡西游，逛大街，走河边，泛舟慈湖，登峰赋诗，往往玩到半夜方才散去，很是浪漫。

十、重阳节簪茱萸、插菊花

自古以来，在我国许多地区，每到重阳节，无论男女老少，都会在头上、帽子上插上菊花，拎着盛满茱萸的红色袋子，成群结队地登临高处，尽情玩赏。《武林旧事》载南宋杭州人重阳日"泛萸簪菊"。晋人周处《风土记》说："俗于此日……折茱萸房以插头，言辟恶气，而御初寒。"说的是茱萸可辟邪。而菊花是可以延寿的，唐杜牧诗云："江涵秋影雁初飞，与客携壶上翠微。尘世难逢开口笑，菊花须插满头归。"宋洪皓《渔家傲》词："臂上萸囊悬已满，杯中菊蕊浮无限。"宋代还有将彩缯剪成茱萸、菊花来相赠佩戴的。古人认为菊花可避邪，增长寿，重阳簪戴男女老少皆宜。

　　重阳茱萸其实也和端午节的雄黄和菖蒲的作用差不多，目的在于除虫防蛀。因为过了重阳节，就是十月小阳春，天气有一段时间回暖；而在重阳以前的一段时间内，秋雨潮湿，秋热也尚未退尽，衣物容易霉变。茱萸有小毒，有除虫作用，制茱萸囊的风俗正是这样来的（图1-27）。

图1-27　茱萸

第一节　山区服饰：以余姚为代表的考察

余姚属浙东盆地山区和浙北平原交叉地区，地势南高北低，中间微陷。南部为四明山区，山峦起伏，散布大小不等的台地和谷地，最高峰大长山青虎湾岗海拔979米。中部为姚江冲积河谷平原；北部为钱塘江、杭州湾冲积平原。山地丘陵、平原（含海涂）、水域（含海域）面积比为53：29：18。素有"五山二水三分田"之称。

一、民间服饰

山区服饰多因地制宜，就地取材。

1. 鞋袜

"竹带头""竹的笃"

毛竹头的横截面，上钻四孔，系两根绳，可系脚上，下雨下雪天，山区人民多以此做雨鞋，叫作"竹带头"。更多的是将毛竹头直劈成两半，把竹青面削得稍平，钻孔系绳，雨雪天系在脚上做雨鞋，叫作"竹的笃"（图2-1）。

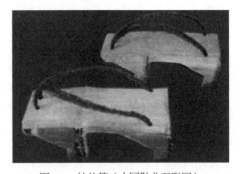

图2-1　竹的笃（中国鞋业互联网）

笋壳鞋

为产毛竹的地区所独有，妇女特别是小脚女人多用此做雨鞋。宁海胡陈乡还有人会笋壳鞋的制作：从竹林间拾来笋壳，刷干净晒干；然后用笋壳按脚大小用针缝成底；再根据鞋面的样子，裁剪笋壳，拼制缝织成笋壳鞋。不过晴天易破，雨天耐穿。

草靴

山区的青壮年农民多用之，特别是严冬，大雪封地的时候，或上山打猎去，或有急事出远门，他们就用稻草编好结实的底，再依着自己的脚编织起来，一直打到齐膝盖为止。打得结实的，走上两三百里路也不会破。

草鞋

用草（或稻草）编成，故称曰"草鞋"。后来，劳动人民用各种原料制作，但"草鞋"之名仍然不改，只在前面冠其原料名称而已。打草鞋很有讲究：要编紧、抽实，才能耐穿。旧时，劳动者一年四季都穿草鞋。过去，有钱人做善事，也会在凉亭旁放上一串草鞋，施舍给连草鞋也买不起的穷苦人（图2-2、图2-3）。

图2-2　草鞋（余赠振摄）

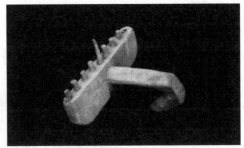

图2-3　打草鞋用的草鞋耙（余赠振搜集于四明山区）

千纽麻鞋

千纽麻鞋也称草鞋，原料是麻，并且有许多小纽（亦叫耳朵）。系上带子穿起来，几乎把整个脚面的大半遮没了，走起路来很轻便。

葛藤草鞋

深山里盛长葛藤，极韧，山区农民将它割下，用来打草鞋，经久耐穿。

上山袜

在山区和半山区，上山要穿上山袜，上山袜有全筒和半筒两种，并有硬帮和软帮之分，外穿草鞋。

制作上山袜的工艺十分复杂：要先拔回鲜苎麻将麻皮剥出晒干，将它搓成苎麻线，然后在锅里煮过后晒干，方可作为上山袜用线，这样的线能够保存几十年。做上山袜时，先用麦粉加水在锅中捣成糨糊，将白布一层层粘贴在一起，直到几十层为止，制成上山袜底，然后用针线一针针"锲"过；再将白布一层层粘贴到20层，做成上山袜边，也用线"锲"好；再做上山袜筒，然后用线缝成整体。做好的上山袜，短的盖过脚踝，长的要一直越过膝盖。

最苦最累的是"锲底"：从上山袜底的外围一针针往中心"锲"，越到中间，底就越硬，需要先用锥子锥个洞，然后用指间戴着的"顶针"将针顶过去，再用钳子夹住针头将针拔出来，这样做一双上山袜往往需要半个月时间。

因为上山袜厚实、牢固，既可防蛇虫叮咬，还可防藤刺划破裤子和腿；既可防上山路滑，还可防脚底被尖利之物刺伤，因此，它是山民上山劳作自我保护的必备用品。

牛皮靴

牛皮靴为山民上山劳作时的穿着，靴钉有防滑作用，而靴的高度和靴的皮质则可以防止脚被蛇虫或荆棘刺痛（图2-4）。

图2-4　20世纪40年代牛皮防滑靴（宁波服装博物馆）

绣花鞋

绣花鞋是乡村民间的刺绣艺术奇葩。余姚绣花鞋又称"花鞋"，图案多采用当地四季花卉，常用"红""绿""黄"三色线，俗称"余姚三彩花线"（图2-5、图2-6）。

图2-5　绣花鞋（蝶恋花花纹）　　　　图2-6　女式绣花鞋（石榴花花样）
　　　（宁波服装博物馆）　　　　　　　　　（宁波服装博物馆）

鞋子上绣花，一是绣在鞋面正中，二是绣在鞋帮合缝处，花样左右对称，富有美感。其鞋式共分七种：儿童绣花鞋、姑娘花鞋、新娘绣花鞋、中年妇女花鞋、老年绣花鞋、寿鞋绣花鞋、寡妇花鞋。

其中，中年妇女花鞋，主要有"蓝采和花鞋"，由荷花、兰花、梅花组成，寓家庭和美，日子安康；"三梅花鞋"，以春梅、腊梅等花卉组成，辅以荷花纹样，寓品质高洁，勤俭持家。

老年绣花鞋则花样繁多，寓意深远，主要鞋种有"祝寿花鞋""三荷花鞋""八仙花鞋""藕荷花鞋""万世称心鞋""福寿鞋""寿山福海鞋""十全十美鞋"等。

另外，还有两种寿鞋绣花鞋。一是"三荷万年青花鞋"，三朵荷花加万年青花纹，喻脚踏荷花，进入佛国，荫泽子孙；二是"仙桥荷花鞋"，由荷花和桥组成，桥下有荷叶和藕，象征脚踏仙桥，进入仙境。

寡妇花鞋只有一种，称"三兰花鞋"，由三朵兰花组成，花瓣以蓝色为主，象征品质高洁，寡妇贞洁。[1]

2. 日常衣服

围裙

围裙穿束在上衣之外，围于腰间，挡风防污，适于男女劳动之用（图 2-7）。

---

[1] 姚鹏飞，鲁水平. 姚江风俗. 杭州：浙江古籍出版社，2011：259.

图2-7　20世纪20年代毛蓝布围裙（宁波服装博物馆）

百裥裙

旧俗有"男系灯笼裤，女系百裥裙"，旧时妇女下面系裙，裙形式多样，呈直线多打"裥"，百裥裙布料大致相同。

肚兜

俗谚叫"只管自己的肚兜满，不管别人死和活"，说的是大人也有系肚兜的，但与小孩那种菱形的肚兜有区别，大人的肚兜是用"白杜布"密密地缝制成的放钱的类似腰带的东西，两弦是布带，中间分成几层的"兜"。旧时用的是银圆、银毫子、铜元、铜钱这一类货币，数量不多随身带的，就放在肚兜里，系在腰间。当然，后来通用纸币了，肚兜也管用。这种肚兜多是四明山区和姚江两岸民众、姚北海头渔民的"钱袋"，或小商小贩的用物，有身份的人是用串在腰里的"皮夹"的。

钱褡

钱褡，又称钱袋子，是放铜钱、铜元、银毫子、银圆的日常用具。这种钱褡和肚兜正好相反，肚兜里两弦成带状，中间才是钱袋，系在腰间；而钱褡两边是深深的钱袋，中间是带状，搭在肩上，所以叫"钱褡"。旧时余姚典当行的典当小二"阎王"、大户地主上门收钱、经商者，大都背一只钱袋出门，多用蓝杜布制成，比较牢固。盛满钱，分背在肩上，两边挂着。

新中国成立前，四明山区大多数老百姓都比较贫苦。四明山鹤亭乡方吉品老先生告诉我们：当时有句口头流传语充分反映了老百姓穿着的困难情况，即："蜡烛横放倒，葛藤当撩交，柴子当棉袄。"

"蜡烛横放倒"是指当时因为没钱购置照明蜡烛，所以用竹梢或篾白，在水里浸泡一个月后晒干，替代蜡烛来照明；"葛藤当撩交"是指当时男子干活时系在腰间的腰围巾，宽约尺余，用土布做成；"柴子当棉袄"是指山上树木被砍伐后留下的根头掘来劈开，晒干后用来烤火取暖。沿溪一带较少烤火，稍高山村每户人家都有一个烤火坑口。

王梦赍的《宁海竹枝词二首》也有说：

> 柴株棉袄语犹新，瀹茗围炉结比邻。
>
> 家道虽贫身却贵，灯台名唤竹夫人。

龙裤

龙裤就是砍柴裤，一种到膝盖的短裤。裤管由几层布切成，针脚密密麻麻，裤腰有半尺宽，几乎可系住胸部，上下均有两条带子。龙裤下面穿百纳袜子加草鞋。这是慈溪、余姚一带山区民众上山砍柴的特殊装束。

3. 佩饰

在余姚山村民间，佩饰物品种类很多，主要为避邪佩饰。这种佩饰在旧时越地民间很常见，如今也仍在流传着。经过千百年的流传积淀，它们几乎都或多或少地含有宗教神秘色彩。但从另一个角度看，却又包含着人们企求身体健康、无病无灾、平安顺利这一美好善良的民俗心理。

制作的材料除金之外，还有玉、银、木、丝等，不同的佩饰又有不同的含义。

中国自古视玉器为瑞，认为只要佩戴玉石，或用玉器献祭，就可趋吉避凶，带来吉祥福祉。早在汉代，就有玉能为生者辟邪，为死者护尸的观念。在越地民间，广泛流传着无数小玉器，如玉镯、玉珏、玉知了、玉蝴蝶、玉兔等，并被百姓所推崇。人们认为玉是神灵的化身，腰里或颈上佩挂一辟邪玉器，无论在何处跌跤，绝不会重伤，更不会致命；如果离家远行，则可避免灾祸或因水土不服而引起的疾病。

银制的佩饰，在旧时民间比玉石更为普遍，多为小孩佩戴。常见的有银手镯、银足镯、银项箍、长命锁、富贵链及一些银铃菇芦之类的小饰物。这些银佩为民间银匠所制，大都制作精致，造型雅典，花纹美丽，有的在上面刻有十二生肖形象，有的刻有凤、麒麟、鹤鹿、蝙蝠等传统吉祥物。许多替

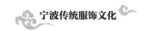

孩童定制的饰物上还镌刻有佩者的名字及生辰年庚。民间俗传小孩挂上这些长命锁链、小佩饰，就可健康成长，无病无灾了。在乡村一般都有技艺高超的银匠，制作的佩饰深受附近百姓喜爱。

民间传说，桃木可以镇邪、驱秽气，因此，木制的佩饰多为桃木或桃核雕琢而成。常见的有桃小猴、桃小兔、桃虎头、小桃篮等。这些小佩饰多为民间巧手在农闲时所雕制，造型朴拙可爱，价格又低廉，用红丝线悬于孩手腕，用以辟邪禳灾。这种佩饰在山区农村极为普遍。

丝线的佩饰，古籍上称"五色丝"，而在乡村称为"牛绳"。它比以上几种佩饰流传地域也更广。"牛绳"是由红、黄、蓝、黑、白五种颜色的丝线合并纺织而成的细索，古时也称"朱索""长命缕"。俗传五彩丝具有神奇之力，能解瘟禳毒，驱邪避凶。旧时乡村，如果某家算命排八字，孩童被认为在成长中有劫有难，家中祖母、娘亲就要向左邻右舍讨乞彩丝。据说孩子几岁就须讨几姓人家之丝，且所讨之丝线一家要比一家长些。丝线集齐之后，便挑吉日至乡中寺庙，备上一份供品，点香插烛，请念佛嬷嬷一边念经敲木鱼，一边将丝线编结成"牛绳"。牛绳一般编成"百结"图案，套在小孩脖子上，据传就可以渡过劫难了。

第二节　沿海服饰：以象山为代表的考察

象山地处半岛，岬弯相间，海岸线漫长，港湾众多。全县海岸线长 925 千米，其中大陆海岸线长 349 千米，岛礁海岸线长 576 千米。主要港湾有象山港、西沪港、太平港、大目湾、昌国湾、石浦港、三门湾、岳井洋、蟹钳港、南田湾等。其中，象山港、三门湾、石浦港在全省乃至全国都是著名的港湾。

沿海渔民服饰与内陆服饰一样，其主要功能是护体、遮羞和装饰。当然，服饰发展又与自然环境和生产方式有关，因此，地域和环境的差异就产生了各自的服饰习俗。

渔民服饰，考查起来，起源较早。据《山海经》记载，远古时代，在我国东南沿海有个捕鱼氏族，称之"玄股国"。玄股国的国民"擅长用鱼皮制衣"，当然，若以古代的服装材料论，在江南地区，先有葛，后有麻和丝，最后才是棉花了。其间捻线织布是最原始的纺织术，而纺轮则是纺纱的主要工具。近年来在舟山定海的白泉和大巨岛的孙家山等地，考古发掘的一件扁圆形石纺轮和一件陶纺轮，以及骨针、骨锥等物，足以证明远在新石器时期，海岛上已有纺织和缝纫之术，服饰习俗也随之而生了，而这个时期，距今6000余年，说明了渔民服饰的历史渊源。

渔民服饰的主要特点，则是与海洋环境和海上的劳作方式有关。如钟敬文主编的《民俗学概论》中所言："海产渔民多穿短衣短裤，便于撒网捕鱼。"杨志林所著的《洞头海岛民俗》一书中有记载：洞头渔民因大多时间在海上生活，衣着易被海水打湿而腐蚀，穿着寿命短；因此，为了耐穿，所穿的外衣都用栲胶染过，染成棕红色，俗称"栲衣"。此俗象山亦然。在象山，昔日渔民所穿裤子也用栲胶或栲皮染过，染成酱色。裤子一般较短，但裤脚特肥大，穿起来好像提着两盏大灯笼。俗称"笼裤"。可见，以上的服饰习俗由渔民特定环境和劳作方式所决定。

当然渔民服饰也受外界辐射影响。象山临近宁波、温州、定海等著名港口城市，交通便利，来往频繁，渔民或售鱼、或经商、或购物，与陆上居民接触颇多，深受其影响，往往时式服装在陆上一流行，不日象山即仿效之。

渔民服饰最有特色的无疑是劳动服饰了。这种服饰必须与特定的海洋环境相适应，并与海上劳作方式相关联，其他的服饰都是在此基础上衍生的。

一、劳动服饰

1. 左衽大襟衫

象山渔民的劳动服式，过去上衣惯穿大襟布衫或直襟衫，外加背单。背单有季节之分，冬穿棉背单，夏穿单背单，俗称"领郎"。春秋两季穿夹背单，背单还有棉和绸之分，绸背单上绣有龙的图案。背单，其实就是背心。另还有玄色大棉袄。

渔民的大襟衫，不同于内陆的地方是衣襟向左开式，主要原因是避免右手对风时与网纲、绳线相勾缠。同时，为了耐风化日晒和海水侵蚀腐烂，此

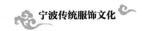

衫在制作后，放在盛满薯莨根皮（即为栲）煎煮的大锅汁液中熬煮，至色呈深褐色时，捞起晒干则成，俗称"栲汁衣"，又称"栲衫"。这就是说，"栲衫"服式的形成，不论是染栲耐腐，还是大襟左衽都由海洋环境所决定。另外，"左衽"之俗，原为古越人的一种服式。《战国策·赵策》中说："被发文身，错臂左衽，瓯越之民也。"在这里，所谓左衽，即为上衣的对襟从左边开档，其服式完全与上文所述的"栲衫"相似，以见其服式历史之悠久。至于"栲衫"之外再加上背单，则是因海上劳作天气寒冷，为防寒保暖之需要。但因季节不同，寒暑交替，故背单也有厚薄之分，更显得机动灵活按时适用。

2.笼裤

笼裤是渔民服饰中的特殊裤式，也是昔日服饰中最有特点的服装式样。男子多穿笼裤，腰头另出，便于系扎。一般裤脚较短，裤筒较大。但"笼裤"的制作又有特点：一是单裤，用土布制成，质地厚实，耐磨耐穿，经济实惠。二是直筒大裤脚，形似灯笼，故而名之。而且，裤腰宽松并左右开衩，前后叠皱成纹；在腰的开衩处缝有四条带子，便于穿时束缚，不仅十分简便，而且更显紧身干练。尤其是冬天，渔民在海上劳作时，把棉背单往腰裤里一塞，四条裤带一束，两只裤脚缚紧，纹丝不透，十分暖和舒服。三是裤裆宽大，双腿下蹲上抬都没有阻碍，显得很灵活。还有，当风大手冷时，双手往裤腰衩口里一塞，既暖和又可挡风御寒雪，一举多得。正因此理，清末民初直至新中国成立前，东海诸岛的渔民普遍盛行此类裤式。裤色多为深蓝色和玄青色。说"笼裤"又叫"龙裤"，理由有三：一是宋高宗赵构在舟山遇难脱险后赠予渔民的御裤，即为皇帝的裤子，名为"龙裤"；二是裤形像龙灯中的筒裤式龙体；三是龙裤衩口两旁绣有飞龙图案。总之，笼裤的制作，体现了渔民的劳动特点及审美观念（图2-8）。

据《石浦镇志》记载，因东门岛渔民尤为讲究笼裤穿着。"东门人捕鱼回港后，穿上干净笼裤，赤着双脚（也有将新布鞋踏着后跟当拖鞋穿），手提海鲜过港到石浦走亲访友、上酒楼、逛街上戏院，别有一番风情。"

清代胡华有《东门竹枝词》云：

图2-8 笼裤（象山石浦文化站提供）

万里洪涛一棹通，春风吹送又秋风。

街头最是虾皮客，㧟裤猩猩血样红。[①]

而北仑春晓一带，自清末起，有婚后男子过年走亲戚要穿花笼裤的习俗，所以，婚前的女子必须学会刺绣，绣花笼裤作为陪嫁，此习于新中国成立后匿迹。

3. 肚兜

在沿海妇女的劳动服饰中，肚兜很重要。这是因为鱼汛旺季，海岛妇女特别忙碌，尤其是洗鱼、剖鲞、晒鲞和翻鲞都由妇女担任。此时坐在滩头，头顶骄阳，脚踩热沙，弯腰起身，挥刀杀鱼，忙个不停，必定是热汗直淌。为此，渔妇多以肚兜护体，一是为了护住乳房，减少摆动，劳作时感到利索轻快；二是劳作时的汗水可以逐渐被肚兜吸收，一时间不使汗水流淌直下。

肚兜不仅为劳动所需，也是姑娘出嫁和婴儿出生的必备之物。肚兜的制作如下：红棱上端两角钉上红绒线或银链子，系在颈上，垂于胸前，腋下两端腰带结于背后，从而起到遮胸露背的作用。其形状和制作大致与内陆的江南风俗相似，但肚兜上的花纹图案，则大不相同，如内陆绣的一般是"鸳鸯戏水""牡丹"花卉之类，但海岛人所绣的图案往往与大海和鱼文化有关联，

---

① 《石浦镇志》编纂委员会. 石浦镇志（下）. 宁波：宁波出版社，2017：1349.

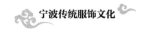

更具海洋特色。肚兜形状及其图案大多有鱼，取"鱼""余"谐音，即为"日日有鱼，年年有余"，显示出一种求吉的功能和愿望。

另外，海岛妇女上衣多为直襟衫或右侧开襟外衣。色彩上，年轻的以艳色为多，中年的改月白、浅蓝等素雅色，老年以灰黑为主，显得庄重。至于裤子，多是直通式的，裤脚宽大而短，便于挽起裤脚下海淘鱼，或干其他船头生活。但是到了仲夏，即立夏以后，妇女的劳作方式主要是剖鱼鲞，烈日炎炎，骄阳似火，此时的服饰为之一变。年轻的渔姑短衫、短裤，任凭太阳曝晒，更显青春活力，中老年妇女怕被太阳晒黑皮肤，反而穿着长衫、长裤，把身子裹得密密的，尤其是长裤必穿无疑，实在炎热难熬，把身子往海水中去浸一会儿，暂避酷暑之烈。

4. 布裥

布裥在海岛又称腰巾，是海岛劳动妇女的又一服饰特征。这是因为海岛妇女的劳动场所主要在船头和滩头，系上布裥可保暖、防尘。另因妇女的劳作方式多为织网拣鱼或晒鲞，若将布裥的两角扎起，可当盛器，有时手脏了还可当揩布，更多的时候是保护衣裤免受磨损和玷污。由于布裥有众多的实用功能，所以，海岛的妇女几乎从早到晚都系着布裥，成为海岛服饰的一大标志。布裥制作较为简单，一块方布，上系两条带子，围在腰间，在背后打个活结就行。但布裥的布料和色彩花样较多，如布料，有龙头细布、印花蓝布、绸缎、油布、皮货、塑胶布等；就海岛而言，大多以纯色为主，年轻的系花布裥，中年的系蓝布裥，老年的系黑布裥，各得其所。当然捕鱼的渔民在海上作业时也要系布裥。但因起网或捉鱼时，常常是带水操作，故而布裥上要染上桐油称之"油布裥"，或系上防潮、防水的塑胶布裥或羊皮布裥，这就与妇女所系的布裥有所区别。橡胶和塑制品面世后，逐步改用橡胶或塑制布裥、裤和袖套、手套，渔捞服饰条件大为改观（图2-9）。

5. 头巾

妇女的头巾其实就是毛巾，式样划一，但色彩不同。有白巾、黑巾、蓝巾、花巾等。按照惯例，老年妇女戴黑巾或白巾，中年妇女喜戴蓝巾或白巾，只有年轻的妇女喜戴黄巾或花巾。花巾上有各种彩色图案，其中有绣着金龙的，俗称"龙巾"，是一种吉祥的象征。

图2-9　1973年捕鱼景象
（余德富等拍摄，34年前的宁波还记得吗？宁波网，2007-04-08）

大榭岛民谣唱道：

> 海山老婆苦，
>
> 头戴手巾布，
>
> 脚踏黄泥涂，
>
> 吃点番薯糊。

6. 首饰

清代和民国时期，女人自幼要穿耳，穿线留空，自少至老戴耳环，俗称"丁香"。普通人家也备有几件金银首饰，有玉镯、玉簪等。男子戴戒指，多商、教公职人员，小孩戴银项圈或项链或金银锁片，有"长命富贵""吉祥如意"等吉语或寿星图案做护身符。

新中国成立后多以手表为饰物。改革开放后，金银首饰、玉饰、胸饰品类繁多。青年男子有的佩戴黄金粗手链、项链（多渔民、鱼贩）。[1]

7. 鞋帽

渔民的鞋帽也与渔业生产有关。冬天，尤其是捕带鱼季节，所谓"大雪大捕，小雪小捕"，渔民们常常冒着七至八级大风出海，雪花飘飘，寒风刺

---

① 《石浦镇志》编纂委员会.石浦镇志（下）.宁波：宁波出版社，2017：1350.

骨。渔民们为御寒，就带一种棕色呢绒制成的帽子，称之"罗宋帽"。这种帽子的外帽壳可上下翻动、后沿翻下来可遮住双耳和后头颈，十分暖和。有的把前帽壳挖两个洞，作为眼孔，这样可把整个外帽壳罩住整个脸部，只露两个眼孔作为观察，就可保暖和遮风雪了。

夏天，渔民们戴凉帽，也就是蒲帽或草帽，凉爽透风，较为舒适。但是，海上风大，为防帽子被风吹走，往往在帽边上系一条有伸缩性的橡皮绳，套住下巴，较为牢固。至于雨天，当然是身穿蓑衣，头戴箬帽或笠帽了。竹子编造的笠帽，帽边比一般的帽子宽大得多，帽状形似小伞，可挡风雨。帽身很紧，套住上额不易摇动，还有一条帽绳套住下巴。原因是船上作业风大浪急，船身摇晃幅度大，弄得不好帽子就要掉到海里去了。这样的帽式也是与海洋性生产相适应的。

由于渔民常年在船上行走，并且是带水作业，船甲板上往往是潮湿和沾水的日子多。夏天一般穿草拖鞋或蒲拖鞋，春秋两季穿草鞋或蒲鞋（图2-10），冬天穿一种特制的芦花蒲鞋，又称"龙花蒲鞋"，鞋厚，鞋身大，又暖和又舒适，并且不会在带水作业中滑跌。总之，船上作业的渔民一般不穿布鞋，尤其忌穿胶底鞋，上礁拾螺更非草鞋或蒲鞋不行。这是因舱板湿水，礁岩多青苔，只有柔软并有吸水性的鞋袜才适应，否则将会带来种种的不幸。20世纪六七十年代以后，也逐步改穿"半截靴""长筒靴"，均为橡胶制。据《甬上风物》记载，北仑穿山村河南顾自然村手工做蒲鞋已有百余年历史，大多供应渔民，现时也有连裤带靴的。

图2-10　蒲鞋（作者购于象山石浦）

二、渔文化特色绣花鞋

1. 绣花鞋登上奥运舞台

当北京奥组委决定让礼仪小姐穿着旗袍登台时，有关方面就为寻找与之相配套的鞋子而犯愁。当有关工作人员偶然间走进象山"小花园鞋业"王府井专卖店，看到古色古香、既传统又高雅漂亮的绣花鞋时，不由眼前一亮，当即决定把绣花鞋作为礼仪小姐用鞋。接到订单后，"小花园鞋业"放下别的生产业务，组织工人精心制作，用了不到一个月的时间就完成了生产任务。2008年8月4日，由象山渔家女手工绣制的600双新娘鞋系列绣花鞋顺利装箱运往北京。

这些古色古香、庄重秀美的工艺鞋都是用织锦缎、古香缎、苏绣缎等面料制作，鞋面上配以"吉祥如意"等图案，品种有30多个。

2. 渔文化创意赢奖项

"小花园鞋业"的成功，得益于"民俗文化"的独特魅力，特别是得益于对"渔文化"的开掘。人类自古赋予鱼以丰厚的文化蕴涵，形成了悠久的"渔文化"。

在象山塔山遗址，考古人员发现在一件夹砂红陶的制品上，隐约装饰着贝壳的印痕——这是6000余年前，象山先民利用海洋生物创造出的最原始的艺术之一。

"鱼"是华夏先民的吉祥形象，鱼文化的艺术纹饰图案，千百年来深受各民族人民的喜爱。象山人民依海而居，鱼是他们生产生活中密切的伙伴。把鱼视为"财神"，体现了对富裕美满生活的期望。这些游动在历史长河中的"鱼"，诠释着先民对生活、对爱情、对生命的热爱。

象山绣花鞋在题材内容上，大量运用鱼纹及其他吉祥元素。象山绣花鞋使用的鱼图案以鲴鱼和金鱼为多，一般与荷花、莲子或者海水波浪配合。

在绣花鞋的造型上，常见有船形包鞋和蚌壳形包鞋。造型形象、形状类似大海里常见的渔船和蚌壳，象山当地也称之为"元宝鞋"，体现了海洋文化的特色（图2-11）。

图2-11 象山生产的传统绣花鞋（象山文化网）

第三节 平原水乡服饰：以慈城为代表的考察

宁波境内河流纵横交错，水资源极其丰富，水稻种植十分普遍。这种江南水乡独特的自然环境和劳作方式，既对人们的服饰提出了不同的要求，也为相应服饰的产生提供了可能，从而形成了鲜明的地域特色。

一、衣服

1. 长衫

长衫，又称"大衫""竹布大衫"，一年四季都穿，穿衣者具有身份象征。长衫四季衣料：春秋穿夹大衫，或用呢子、线绨制成的大衫；夏天穿"绸大衫"；冬天则穿在棉袍外，又叫罩衫。

2. 马褂

"长衫马褂子，头戴西瓜帽"，是旧时通常服饰。马褂衣料用丝绸、葛锦、羽纱等制成，罩在大衫外面，颜色是黑的，人称"玄色"，也是有身份有地位人的"当家衣"。

3. 短衫

水乡的劳动服饰主要是指广大农村的传统服饰。种田的农民，长衫大褂式的穿着是不适宜的，必须穿短装，才便于田间地头劳作。水乡一般都上穿短衫，下穿裤、裙。短衫又分对襟和大襟：男子多穿对襟，衣身为平面型结构,正领,横钉一字扣,五颗或七颗,以黑、灰颜色为主。女子多穿大襟,斜襟至腋下,领下一横形布扣,肩部大襟上一直形布扣,腋下三横形布扣。颜色依不同年龄而变化,艳色为未婚女子所喜好,婚后则多穿白、浅蓝、蓝色等素雅色彩,老年妇女则以蓝、灰色为主。

4. 布裓

乡间妇女喜围布裓(又叫"围身布裓""圆身布裓"),有大、小、里、外等种类,取其兼有装饰、保暖、劳动防护的功用(图2–12)。20世纪30年代,农民衣着大多用自制土布,以机制细棉布为奢侈品。布裓不护胸,护胸的称"饭单"。

图2-12　20世纪50年代浅绿绣花布裓(宁波服装博物馆)

5. 掰脚裤

小孩童专属的方便裤。"掰"在宁波方言中读"拍"。"掰脚"就是将两脚岔开,那裤子就像两爿贝壳自动打开,方便小孩子大小解。

6. 蓑衣

蓑衣就是农家的雨衣,用棕丝编成。

棕丝是棕榈树皮上的一种纤维,经加工整理,编织成雨衣,蓑衣俗谓"棕衣"。

蓑衣分上、下两部分,上面的叫"蓑衣披",颇像古代妇女穿的坎肩儿,圆圆的领口,前开襟,有细细的棕绳可供系牢;下面的叫"蓑衣裙",有两条棕绳供吊在肩上。裙腰很大,随意摆动,方便主人甩开大步走路(图 2–13)。

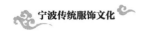

图2-13　20世纪40年代蓑衣（宁波服装博物馆）

7. 裘衣

作家柔石于1929年写作出版的小说《二月》中有这样的描写：

在芙蓉镇的一所中学校底会客室内……这样过去半点钟，其中脸色和衣着最漂亮的一位，名叫钱正兴，却放下报纸，站起，走向窗边将向东的几扇百叶窗一齐都打开。一边，他稍稍有些恼怒的样子，说道：

"天也忘记做天的职司了！为什么将五月的天气现在就送到人间来呢？今天我已经换过两次的衣服了：上午由羔皮换了一件灰鼠，下午由灰鼠换了这件青缎袍子，莫非还叫我脱掉赤膊不成么？"

一般以为《二月》是以慈城镇为背景的。这段描写，说明浙东地区冬季也是比较寒冷的，一些富贵人家备有名贵的裘皮衣服，如"羔皮"：羔羊剥下的皮称为羔皮，是上等皮革之一。"灰鼠"：以灰鼠皮制作的裘皮衣服；灰鼠，腹白，皮制裘，是细毛皮货中较为珍贵的。

二、鞋帽

1. 草鞋

宁波有"有铜钿人鸡肉剥皮，呒铜钿人草鞋拖泥"的民谚。

打草鞋的工具是一副木制的草鞋耙，由耙钉和围腰组成：耙钉丁字形，围腰用带子系在制作者的腰间，把草绳在耙钉和围腰之间来回构成草鞋的经线，大小视穿着者脚的大小而定。然后用一缕一缕处理过的稻草均匀地作为草鞋的纬线。其间在头上两边和后跟打出几个用来穿线的襻眼。最后把鞋体反过来，剪掉后面的草根，尺码一样的两只就成为一双。宁海有关"草鞋"谜语这样说——

少年青青到老黄，

十分拷打结成双。

送君千里终须别，

弃旧恋新掷路旁。

2.丁靴

丁靴是旧时代的"雨靴"。那时，橡胶还未在我国制成雨鞋。一名钉鞋。一般以布做成，用桐油反复涂抹，使它不浸透水，也有用牛皮来制作的。钉靴底下钉上一些塔钉，使其变得耐磨耐穿。底下都用铁打的钉，排列成齿状，出门行走，以防路滑。走起来"弟埭弟埭"，声音响亮，很耐磨，农家能制置上丁靴的多属"田端头"人家，即农民中的小康之家，贫苦农民只有穿草鞋的份儿。"三月初三晴，丁靴挂断绳"；"三月初三雨，丁靴磨断底"，这是流传的"农谚"之一，是农民长期积累的"气象资料"性的言论。也说明钉靴是江南水乡较普遍穿用的雨靴。宁波滩簧传统剧目《王阿大游宁波码头》唱词中也提到了："高得利钉鞋穿勿破。"想必钉鞋的穿着还是有一定市场的（图2-14）。

图2-14　清代皮钉靴（宁波服装博物馆）

该靴适合在雨雪冰冻天气穿着，防水防滑又保暖。这种钉靴十分少见，它的发现在一定程度上反映了当时宁波的气候状况。

3. 车胎鞋（水草鞋）

顾名思义，就是用废弃的汽车外轮胎做成的凉鞋。其形状与草鞋无异，前面三个耳子，后面一个镂空的鞋帮，它们都留有孔，再环绕着穿插上两圈车内胎切成的胶带。这种鞋经久耐穿，还可下水，故而又叫"水草鞋"。

4. 木屐

木屐在宁波的历史已经有5000多年了，慈城曾出土了最早的木屐。唐代李白有《越女词》说："长干吴儿女，眉目艳星月。屐上足如霜，不着鸦头袜。"

最简陋的数木拖鞋了。木拖鞋是最价廉物美的鞋子，制作方便，拿两块木板（据说最好是棕榈树的，不会裂开）按自己脚的样子画好锯下来，再钉上一条皮带或帆布带就可以了，而且拖了三年后还能用来烧火。

5. 套鞋

1921年以后，外国进来了一种橡胶做的黑色鞋子，下雨天可以套在皮鞋或布鞋的外面，很觉轻便，一般叫它套鞋。隔不了几年，我国也有了自己生产的套鞋，有"大中华""箭鼓"等品牌，价格也比进口的便宜得多，于是穿的人就多了起来，它逐渐代替了皮鞋与丁靴，成为大雨时行走中的宠儿。套鞋起先还是继承了套的形式，后来索性直接可以穿上去，如同一般的鞋子。样式也有了改进，由鞋子式、元宝式而过渡到了长筒式。男的、女的，大的、小的，样式具备，而且老太太的尖头小脚鞋也不缺少。"慈城多雨，套鞋是少不了的。我家一次遭窃，小偷把我祖母一双小脚套鞋偷走了，这种特殊规格的套鞋在上海也不易买到，祖母很懊丧。"[①]

6. 木底布鞋

抗战时期，物资匮乏，到处都买不到套鞋（橡胶是军用物资）。老慈城德兴鞋店竟想出把一块木板连在布鞋上，在雨中也能迈开步，求做的人很多，竟要预订。

7. 解放鞋

解放鞋也叫胶底鞋，这是随着新中国成立而产生的一种水陆两用的鞋。

---

① 王伟臣.直街印象——慈城人的生活情趣.古镇慈城（合订本），2005（21）—2009（40）: 539.

在很长的一段时间里，它是一家之中男主人才拥有的鞋。解放鞋原本是部队的军用鞋，橡胶底、帆布面。晴天穿上它，干体力活或走远路都能使上劲，阴雨天穿则可防水。解放鞋的耐穿与结实，使它很快在民间流行开来，而且各种仿制品盛行。早期解放鞋的橡胶底是让很多农村人怀念的，当鞋帮坏了之后，勤俭的乡下人常常把完好无损的橡胶底再用来做成简易的草鞋在外出劳动时穿用。

8. 砖头鞋

"我还见过一种最奇怪的鞋——砖头鞋。拿来一块'龙骨砖'，一劈为二缚上一根草绳，分别缚住两只脚以后，或两只手提着草绳和双脚协调前进，或将两头缚着砖头的长绳挂到头颈后，不用手提也能走路。虽然行走艰难，但不湿鞋，常见一些贫苦孩子雨天上学时穿。"[①]

现在慈城老房子里还能看到"龙骨砖"（图2-15、图2-16）。

图2-15 龙骨砖　　图2-16 "砖鞋"示例（余赠振摄）

9. 箬笠（斗笠）

水乡的农民，夏天戴草帽，雨天戴箬笠。斗笠用竹篾、箭竹叶为原料编织而成，有尖顶和圆顶两种形制。讲究的以竹青细篾加藤片扎顶滚边，竹叶夹一层油纸或者荷叶，笠面再涂上桐油。有些地方的斗笠，由上下两层竹编菱形网眼组成，中间夹以竹叶、油纸。

10. 包头巾

水乡妇女为适应稻作生产的需要，时兴戴包头巾或"勒子"。勒子由两片状如半月的黑色帽片连接而成。帽片多由黑缎或黑平绒等做面子，红绒布做里子，内夹薄棉絮。勒子戴在头上，前额压住发际，两侧护住耳朵、双鬓，

---

① 宁波晚报，2009-03-01.

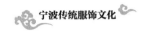

干净利索。这样，在田间劳动，头发不会被风吹乱。诗人应修人在《麦垄上》一诗中，描写了家乡老慈溪半埔的乡情、乡风：

蓝格子布扎在头上，

一篮新剪的苜蓿挽在肘儿上，

伊只这么着

走在朝阳影里的麦垄上。

11. 手工毛衣编织

编织的历史非常久远，结网捕鱼、男耕女织，就巧妙地懂得运用编织的技法。

宁波地处沿海，地方水网密布，本地妇女历来勤于织补，是较早利用各种材料编织毛衣的地区。现代毛衣尽管编织针法、材料越来越多样，技术越来越高超，但手工编织毛衣因其自然、环保、舒适、合身，还是颇受欢迎。一些民间巧手，编织的手工毛衣花色也与时俱进。

第四节　特殊人群：堕民服饰

宁波有这样一句民谚说，"宁波三样宝：咸齑菜，堕民嫂，瓦爿打墙永勿倒。"

堕民，是指元、明、清时期，在浙江境内受歧视的一部分平民，其中以绍兴数量最多，宁波地区是浙东仅次于绍兴地区的堕民重要聚居区。在今日的宁波地区，与堕民有关的遗迹基本不存，唯在慈城东门外尚有堕民民居和遗迹存在。新中国成立后逐渐趋于消融。

宁波堕民的起源众说纷纭，但不外乎由民间传说而来的民族压迫或政治压迫的产物之说，流传最广的是"堕民是宋代罪俘之遗"说。民国《鄞县通志》记载：四民之外，又有堕民，相传为宋罪俘之遗，故摈之，分置苏松浙省，杂处民间。元人名为怯怜户。明太祖定户籍，编其门曰丐。另说，宋代南迁将卒背叛，乘机肆毒，后被剿捕，其余党焦光瓒等遂被贬为堕民，散居浙东之宁、绍境内，鄞县、余姚、象山、奉化等地均有。鄞县堕民在乡者，多居寺庙，城区聚居城西盘诘坊（注：今伴吉巷）、江东大河桥一带，自成一区，不与平民为伍。住房简陋，称为贫民窟。

清光绪时期《镇海县志》也有如下记载：堕民，谓之丐户，又名怯怜户。明太祖定户籍时，曾有禁令，只准堕民自相匹配，不得与四民（即士、农、工、商）通婚，并规定"四民居业彼不得占，四民所籍彼不得籍，四民所常服彼亦不得服"。堕民因何而来？记载说：丐户自言，昔为宋将焦光瓒部下，因叛宋投金，所以被贬斥。

他们特有的行业是时节讨彩头和喜庆场合从事约定俗成的服务。从事婚丧祭礼时唱戏、乐手、值堂及抬轿、屠户、剃头等杂役。比如，从事婚礼服务的，叫作"送娘子"，专门为出嫁的新娘子服务（图2-17）。其主要工作是为新娘修面，把一根棉纱线打湿，一头用嘴咬住，一头用左手拉住，将棉纱线贴在新娘脸部，用右手移动棉纱线，将新娘脸上的汗毛绞净，以清洁美容，还有为新娘修指甲，等等。同时也做些其他服务性的工作，如给客人倒茶，给客人倒洗脸水等，还要对客人多讲吉利话，如"早得贵子""早享福"等。每个"送娘子"都有自己服务的地域，一

图2-17　堕民妇女
约翰·汤姆森拍摄的宁绍地区的"堕民妇女"，图中妇女的打扮也是"送娘子"的标准打扮（约1872年）。

般情况下只能在自己的地域范围内从事以上工作，不能到其他地域去当"送娘子"。这些女性，被统称为"堕皮嫂"（宁波方言）。

在政治上、婚姻上、居住上甚至择业上堕民受到种种歧视，如清明上坟较平民迟，多在农历四月。立冬，头戴钟馗巾，红须，持剑，至各家驱鬼，谓之"跳灶王"。农历十二月二十三日夜"送灶"，堕民则于次日送之。祀奉老郎菩萨，演戏时祀于后台。堕民聚居，房屋矮小，在江苏常熟被称为"贫巷"，宁波叫作"子巷"，坐落在宁波城西和江东一带。在交通上，堕民不许乘车马。

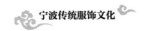

不准与四民通婚杂居，不准从事四民的职业，不准穿平民的服饰，不准科考捐官，清雍正、乾隆、光绪年间，数次下诏削籍，应与平民同列，均成空文，仍受压迫歧视，总之，他们处于社会最底层。

堕民是我国历史上一个比较特殊的社会群体，这个群体的产生是社会压迫下的一种变形，堕民的生产和生活，形成了一种独特的堕民文化，使其在浙东的民俗文化中留有深刻的痕迹。

堕民的服饰与众不同。光绪时期《镇海县志》记载的"四民所常服彼亦不得服"，就是对堕民的服饰限制。

成年男堕民着长袍，腰束"撩绞"，乡间称"绞身带"，宽约 5 寸，长约 8 尺，缠在长袍外面的腰间，可用来塞旱烟管，并须牵左角塞于腰间，称"半袍"，以示与其他男人的区别，衣服左肩高、右肩低，还要戴难看的狗头形帽子（慈城本地堕民男性老者着圆裙，腰间前后打褶）；女性则着黑色或蓝色斜襟短衫，宽大无褶黑色罗裙，《象山县志》记载：象山的女堕民"出门执役，穿黑衣"。裙子一定要"横布"做。而宁波旧俗，宁波女子做衣裳忌用"横料"，说这样生小孩时胎位也会横，要难产的。而让女堕民穿横裙，可见，堕民的地位如何低贱了。[1] 此外，女堕民的服饰禁忌还有：一不能卷袖管，二不能穿红鞋。宁波有歌谣唱："江东送娘美女式，花花包袱两肩胁，长柄雨伞倒头揭（音"及"），雪白牙齿廿四粒，小脚有得七寸七。"[2]

20 世纪 20 年代后期，国民政府颁布了全民服制条例，而堕民的服饰却没有因条例而变化。慈城作为县城，去上海经商的人又多，小城人的服饰比较时尚，而堕民却相对要落后两个潮流。

除服装外，堕民的发型也有讲究，清朝时，堕民梳长辫子，发辫常盘结于颈间，民国时只能剃光头或小平头，不能理西式头；女的可以梳发髻，但发髻偏高，差不多要到头顶了，前额发刷了一层用槿树汁和黑粉调成的发胶，虽然固定了一些蓬松的乱发，但由于发胶与发质不贴切，原想起美容作用的涂抹，却适得其反，似涂了一层镀煤似的难看，而恰恰这一抹，成了女堕民的标志性发型。后来小城的女子流行短发并烫发了，女堕民虽

①② 王静．慈城堕民调查．宁波晚报，2006–11–18.

也学着剪了发，但从没有赶烫发时髦的，因为她们没有财力去赶这个时髦。此外，不能戴耳环，也不能缠小脚。明代沈得符撰《野获编》一文中有"丐户"一篇记：男不许读书，女不许缠足。原来，女堕民连缠足资格都没有，所以她们的天足，并不是因劳动需要而保留，而完全是因为歧视。

女堕民出门时，常常带蓝伞和蓝包袱，这种蓝包袱被慈城人称为"赏盘"，又称"双袢"，即用布做成的双层袋，可以甩在肩上，身前身后均有袋（图2-18）。

到民国元年（1912年）孙中山先生颁发了开放堕民令，他们的生活开始出现转机，但是真正从根本上获得解放，还是新中国成立以后的事了。土改分了土地，堕民从政治上、经济上得到了解放，并彻底消除了世俗偏见和社会歧视。

图2-18　女堕民肖像（王静.慈城堕民调查.宁波晚报，2006-11-18）
这个女堕民肖像是研究堕民服饰装束的难得资料。

第一节　宁波方言俗语与服饰

　　宁波方言既是宁波人的交际工具，同时又是地方文化的载体。乡情乡俗、经验教训、喜怒哀乐等，都沉淀在方言里，构成一份厚重的文化遗产。宁波悠久的服饰历史文化，在宁波"老话"中，也有很好的体现。

一、用服饰形象比喻人或事

1.大襟布衫

　　本义为一种前襟盖住胸前的传统服装，通常从左侧到右侧，盖住底衣襟。一般小襟在右，大襟在左，大襟从左向右覆盖小襟，一直伸到右腋下侧部，然后在右腋下系扣。

　　在宁波话中，因"大襟"与"驮进"（拿进）谐音，所以用大襟布衫借喻一心只想拿进钱物的人。

　　老底子，宁波各地，穿着大襟布衫是很普遍的。

2.长衫马褂（长袍马褂）

　　长衫，为清代以来民间较普遍穿用的一种服饰（图 3-1、图 3-2）。旧时，无论是商人、官僚、文人，还是平民百姓，只要稍有些"头脸"的人，长衫是必备的服饰之一，它既充当了礼服，又是日常生活中所不可或缺的服饰之一。马褂，旧时男子穿在长衫外面的对襟短褂，以黑色为最普遍。辛亥革命后，政府曾把黑马褂、蓝长衫定为礼服，长衫马褂一度流行全国。20世纪40年代后逐渐减少。

"长衫马褂"用来比喻老派（守旧）的思想。例："其是长衫马褂人，这种新派道理咋会听得进去？"

图3-1　藏青土布大襟衣（宁波服装博物馆）

图3-2　1938年，贺友直16岁，跟大叔到上海谋事，出门穿长衫
（贺友直.贺友直画自己.上海：上海书店出版社，1997：73）

3. 木屐

1988年，在江北区慈城镇的慈湖新石器时代遗址考古发掘中出土了两只木屐，被考古界认定为重要发现。据C14测定，慈湖木屐距今已有5500多

年的历史，为河姆渡文化时期慈城人的鞋子。这一发现，将中国木屐的历史往前推进了3000年！这是迄今为止发现的中国乃至世界最早的古屐，也是中国乃至世界最早的鞋类实物。

木屐，宁波人也称"木拖鞋"。在宁波一带，穿着非常广泛，20世纪60年代尚有"木拖木拖，三年好拖，三年拖过，还好烧火"之谚。

穿木拖鞋的缺点是一不小心就会甩出来，所以宁波老话中用"木屐"来比喻说话举止常常要越规，有点"脚进脚出"。例："莫讲来，木屐要甩出的来。"

4. 织麻缕作

织麻，做布，有吱吱嘎嘎的声音；缕作，打绳，也有哼哼唧唧的声音。织麻缕作，形容哼哼唧唧的烦躁。"缕"音"落"，例："一夜工夫织麻缕作没困（睡）好过。"

"织麻缕作"这一老话实际上很好地反映了传统纺织的历史。

第一，"打绳"，是纺织的基础。早在河姆渡文化遗址中，已经发现数段粗细不一的绳，说明河姆渡人在从事生产活动时，早已对某些葛、麻等野生植物纤维的性能积累了一定的认识，河姆渡出土的绳子外观与今天人们合掌搓成的绳子差别不大。别看一个"搓"字，实际上是纺织原理中的"加捻"，用双手搓绳就是最原始的加捻方法，无论是原始的纺轮、纺织机械，还是近代的纺锭，都离不开河姆渡人发现的"搓动原理"。

第二，反映了"麻织"历史悠久，河姆渡遗址出土的大量石锥、石纺轮、陶纺轮、骨锥、骨梭、骨针、麻织布片及大量陶片上的麻织物印痕等实物考证，麻织物的源头至少可追溯到7000多年以前的新石器时代。

田螺山遗址的挖掘中，专家也发现了一个线团，这个发现不仅证实了6500多年前宁波先民已经能够将麻类植物纤维纺成线，还可能将它们织成布。

用手工织布，主要工具是手摇纺纱车和木制织布机，手摇纺车"咯咯"作响，直到20世纪三四十年代起，机器织布大量产生，土织布才逐渐消失。

织出来的布一般叫粗布，所以宁波还有一句谚语："好吃还是家常饭，好穿还是粗布衫。"好吃，有滋味；家常饭，非应酬宴客的家庭日常饭菜；好穿，穿得舒服；粗布衫，布料为土织布、粗纺布、非机器精制布。

象山民间收藏家钱永兴所著的《绩麻文化与浙东麻丝墩艺术》一书，已由浙江大学出版社出版。麻丝墩，它是旧时绩麻所用的一种辅助工具，材质多为介于陶器与瓷器之间的"炻器"，也有陶质、石质、木质的。绩妇用手捻麻，为了防止手滑，需敷以砻糠灰，麻丝墩就是那贮灰之物。麻丝墩是宁波绩麻历史的一个见证。

钱永兴目前收集的麻丝墩中最早的是明代，这件墩形麻丝墩取灰口装饰有"福禄"的字样（图3-3、图3-4）。

图3-3　明代麻丝墩
（钱永兴. 绩麻文化与浙东麻丝墩艺术.
杭州：浙江大学出版社，2008：24）

图3-4　八角墩形麻丝墩
（来源同图3-3，第25页）

二、记录传统的服饰现象以及历史变迁

1. 围身布襕

"布襕"即围腰，围裙。用来保护裙、裤，既避免了弄脏衣物，又显得干净利落。例："介腻腥生活，围身布蓝系根（条）的"。

"围身布襕"制作简单，"一般用余姚老布制成，长宽约一米，有一尺双层做腰头，两边各有一根带子，中间有一贴袋。"这种布襕用途很广，"既可做劳动的防护工具，类似于现在的饭单；又可做保暖用品，冬天围上如同多穿了一件衣服，放在火熜上烘手不烫手；还可做盛物的器具，在采摘农作物和野果时拉上下边的两端就是一个简易的盛物袋，在袋子里可放些小零食随时哄小孩。"①

围裙，既是裙，便多多少少和女人有点关系，而宁波的围身布襕还是传

---

① 汪志铭. 甬上风物：宁波市非物质文化遗产田野调查　海曙区·西门街道. 2009：87.

说"浙东女子皆封王"中出名的道具（见第一章第二节）。现在，年纪大一点的妇女还有围围身布襕的习惯（图3-5、图3-6）。

图3-5 老年妇女还有围围身布襕的习惯
（2019年4月摄于宁波集士港）

图3-6 20世纪50年代蓝印花土布布襕
（宁波服装博物馆）

2.粘头树

粘头树一般指刨花水，是指用刨刀将一种有粘性的树的树干刨成宽约5厘米的刨花，浸泡在水里后，水就成了黏性的液体，可以说是一种特殊的发胶。旧时妇女梳头以其汁水抹头发，利于梳理定型，且散发出淡淡的芬芳，还具有润发乌发之功效，乃是一种名副其实的天然绿色美发用品。"粘"，宁波老话读"泥"，例："粘头树搽眼点"。另一个名称叫"刨娘"。

"粘头树"的原料是榆树（画家贺友直先生在《贺友直自说自画》中释道，"乃榆树是也"）。在宁波用粘头树比较普遍，张斌桥出售的最有名。

在宁波歌谣《老宁波买特产》中有说：

> 张斌桥买粘头树，
>
> 天宝成银楼买金银，
>
> 冯存仁买药材，
>
> 大有丰买百货，
>
> 源康布店买洋布，

老三进买鞋帽，

老德馨买香烛。

"头发兑针喽，老牌张斌桥粘头树要口伐？"这是宁波小巷里常有的叫卖声。

20世纪五六十年代以前，女人家梳头梳下的头发是舍不得丢的，放在竹篓里积攒起来，就等着收头发的小贩上门。

一听到吆喝声，女人们就拿着这些头发，从小贩那里去换几枚针来。通常，她们也会顺带买上几条粘头树刨花。小贩们手里会提着好几条刨花，每条上面还盖着"张斌桥"字样的章，顾客要几条，他就从上面扯下几条。

那个年代的女人都要梳发髻。她们把买来的刨花放在锡罐里（条件差些的就用瓷罐），放些水搅拌一下，就会产生滑溜溜、黏糊糊的液体。用刷子沾了这些液体刷在头上，既能让头发看起来发亮，又能顺利地绑起发髻。一罐粘头树一般可以用上三四天，省的人家也有用一个星期的。奇怪的是，天热的时候，粘头树放在锡罐里，放上三四天都不会变质，但若放在碗里，一天就会有异味了。①

3. 剪鞋样

剪鞋面的纸样。从前手工制鞋，是闺房基本女红之一，故姑娘多从剪鞋样开始练习，例："阿姐在楼上剪鞋样。"

4. 做绷子

绷子，用于拉紧底布的木架子，也叫"花绷"，所以有短语"花里花绷"，就是花里胡哨，看了眼花的意思，引申为花色缤纷，刺绣的人就叫作"绣花娘子"。娘子，女儿、小姑娘，一般未出嫁的均可称娘子。

刺绣，古称黹，俗称"绣花"。宁波是历史上有名的"刺绣之乡"，曾有"家家织席，户户刺绣"的传统习惯。民国《鄞县通志》记载：妇女多习针黹、编草帽。宁波刺绣（简称"宁绣"）历史上曾与蜀锦、苏绣齐名。"绣出红虾蹦蹦跳，绣出青蟹横着爬，绣出鱼儿摇尾巴"，便是对当时绣娘们巧夺天工的刺绣技艺的赞美，产品主要有金银彩绣（图3-7）。

---

① 宁波小巷里的叫卖声，还记得吗？宁波晚报，2009-03-03.

图3-7　人物花鸟绣片

5. 上山袜

一种用于上山时防止脚划破的厚布袜（图3-8、图3-9）。

图3-8　硬底上山袜（余赠振搜集于四明山）　　图3-9　软底上山袜（余赠振搜集于四明山）

三、记录特殊年代的特殊服饰现象

1. 新阿大，旧阿二，破阿三，补阿四，烂阿五

旧时家庭多子女，由于经济窘迫和节俭，哥哥穿下的衣服弟弟继续穿，形成了从新穿到穿烂的过程。阿大，老大；余以此类推。

20世纪60年代，三年自然灾害，物资奇缺，购买棉织品要用"布票"，为了使衣裤能耐穿一些，一般人家都在未破的衣裤上打补丁，如在脚踝头，宁波除了"新阿大，旧阿二，破阿三，补阿四，烂阿五"的俗语外，还有对当时穿着的生动描写：袖头子"开花"，手弯脚踝头贴"膏药"，脚趾袜头踢"兰花倭豆"，等等。衣裤、袜头的缝缝补补成了当时生活和服装穿着的写照。

2. 脱壳棉袄

意为赤膊穿棉袄。脱壳，像脱开来的一层壳。例："这户人家真穷，介冷天价小孩只穿一件脱壳棉衫。"

3. 黄鼠狼独张皮

意为只有一套衣服。黄鼠狼，黄鼬，其皮名贵，意为只有一张皮，不可谋取。例："我是黄鼠狼独张皮，钩破了换也换勿出呃。"

4. 吃吃咸齑汤，搭搭珍珠霜

意为穷要面子。咸齑汤，最简单、最省钱的小菜。搭，涂抹；珍珠霜，曾于 20 世纪 70 年代末流行一时的高档护肤品。

20 世纪 70 年代，虽然物资仍旧匮乏，但人们的爱美意识还是势不可挡，这是时代特点，时代正在经历着历史性的解冻。

上述俗语形象地反映了这一时期宁波人民的经济状况和对服饰文化的追求。

四、反映外来服饰文化的影响

1844 年 1 月，宁波正式对外开埠。大量外国人进入，外语对本土方言有渗透和影响作用。在宁波话与上海话两大方言的词汇系统中，都有许多语词是从外语中借用而来的。同时两地较为优良的港口优势，也保证了这些新引进的词语本土化过程的继续，以及接受普及面的扩大。宁波方言与上海方言中的这种因华洋杂处而出现的中西合璧的新语言现象，在中国各大方言系统中也是颇具特色的。

1. 西装革履

洋派打扮。革履，皮鞋。例："西装革履穿带起（起来），谈生意去啊？"

2. 西式头

西式头是相对于中国传统的光头和束发的分头，俗称"西发"。"式"，音"刷"。其式样为西洋传入而名，例："剃只西式头。""三七开"或者"四六开"指的是不同的"分头"式样。

3. 罗宋帽

一种圆筒状驼绒帽，顶上有绒球，眉间露小舌，20世纪上半叶在中国广为流行。"罗宋"是旧时对俄国的称呼，来自Russian一词。罗宋就是俄罗斯，"宁波人从前叫其'罗宋饭桶'，大概是身高体胖饭量大之故。罗宋帽可以剥下来罩住整个脸，只留一条宽缝，露两只眼睛。"[①] 罗宋帽也称"老头帽""活狲帽"，例："买顶罗宋帽戴戴。"

4. 司卫铁

针织绒衣，英语sweater音译，又称"卫生衫"。例："天介冷，再加一件司卫铁。"

5. 派克（parka）大衣

派克大衣指风雪大衣。

五、反映传统装饰观念

1. 反映重视打扮的谚语

装饰反映了传统社会的生活模式和社会价值观念（图3-10、图3-11、图3-12）。从以下这些谚语中，可以看出宁波人是重视打扮的。

三分人，七分扮；三分才貌七分扮，癞头扮起来像小旦。

扮，打扮。意为人主要靠服饰打扮。

佛要金装，人要衣装。

佛，佛像；要，需要，依赖；装，装饰，装潢。

噱头噱头噱只头，蹩脚蹩脚蹩双脚。

意为打扮不可轻视头与脚。噱头，引人发笑的语言或举动，花招；噱只头，噱在头上意为发型头饰好。蹩脚，低档，差劲，不好；蹩双脚，蹩在一双脚上，意为鞋子不好。

苏州头，扬州脚，宁波女人好扎刮。

苏州，苏州女性；头，头饰。扬州，扬州女性；脚，鞋袜。上两句为两地女性各自打扮的重点和特点。好扎刮，好打扮，好修饰；意为比苏、扬两地更重全面打扮。有一个短语就叫"扎扎刮刮"，即精心打扮；扎刮，打扮，讲

① 周时奋. 风雅南塘. 宁波：宁波出版社，2012：163.

究衣着，联绵词。例："你扎扎刮刮到阿里（哪里）去啦？"

图3-10　1986年慈溪出土北宋青瓷荷花水波纹粉盒
（慈溪市博物馆.慈溪遗珍：慈溪市博物馆典藏选集.上海：上海辞书出版社，2008：6）

图3-11　1985年慈溪出土北宋青瓷牡丹纹粉盒
（慈溪市博物馆.慈溪遗珍：慈溪市博物馆典藏选集.上海：上海辞书出版社，2008：6）

图3-12　唐代粉盒
（慈溪市博物馆.慈溪遗珍：慈溪市博物馆典藏选集.上海：上海辞书出版社，2008：6）

2. 反映对着装欣赏的短语

以下短语反映的是对着装是欣赏甚至艳羡的——

脱套换套

形容衣服多。本义为脱去一套换上一套，例："阿拉单位两个大姑娘真要好看呖，衣裳脱套换套。"

时时道道

形容时髦。时道，当时以为正宗的，当前流行的。例："今日穿得时时道道，做人客去啊？"

穿红着绿

形容衣着漂亮。着，穿。谚语："穿红着绿，吃鱼吃肉。"

3. 反映讽喻装饰效果的短语

以下短语反映的是对装饰效果持讽喻态度——

蓬头狮子

形容头发长而乱的人，例："头发来勿及梳，今末（今天）做蓬头狮子呖。"

赖孵鸡

孵蛋母鸡。赖孵，赖在窝里要孵蛋，孵，音"部"。赖孵鸡比喻形象邋遢的女人，例："你有了孩子后怎么邋邋遢遢像赖孵鸡一样？"

杜仲包

形容衣着臃肿的人。杜仲，木本植物，皮厚有丝，隐喻厚重的衣着；包，包裹，喻其臃肿感。例："天还没冷，你怎么就穿得杜仲包一样了？"

环襻头

襻：用布做的扣住纽扣的套，俗称"纽襻"，如衣襻，鞋襻；环，不正规的倒挂，或松开；襻头，衣扣。环襻头形容衣着松松垮垮，也用来比喻做事无所谓，得过且过，例："横竖弄不好，我也环襻头做了。"又比喻二流子，例："莫和环襻头人凑队。"

六、折射出服饰审美观念的变迁

以下短语反映的则是一个有趣的现象，这些打扮，宁波人以前是持反对态度的。

长袍短套

形容服饰不配套，不合身。

褪裤阿舅

形容裤腰下系的人。意为出面相的地方裤子下垂不正规，例："衣裳咋穿的？弄得褪裤阿舅介。"

红裙绿夹袄

形容穿着土气。夹袄，有衬里成为双层布料的衣服。谚语："乡下大阿嫂，红裙绿夹袄。"

李太君婆

形容穿着啰唆臃肿而不配套。李，"婆婆哩"，啰唆；太君婆，重复称呼；太，谐音"汰"，拖拽。例："衣裳穿得李太君婆介。"

吊脚柱鼓

形容裤腿太短。吊脚，吊起裤脚（裤腿）；柱鼓，柱础，磉盘石。吊脚柱鼓意为裤腿吊起，明显地露出的一双脚像柱子下的磉盘，例："这条裤做得介推扳（差），穿咚吊脚柱鼓介。"

但是，我们会发现，以上的着装现象，现今比比皆是，而且正在成为一些流行的现象，最典型的莫过于"长袍短套""吊脚柱鼓"——

短裙内穿长裤，成为一代潮流，所谓"打底裤"，堂而皇之横扫大街小巷，这不是典型的"长袍短套"吗？

还有一种现在流行的"前卫""先锋型"的低腰裤，腰左右两侧已经低过髋骨，卡在胯部，是不是与"褪裤阿舅"差不多呢？

而对于"红裙绿夹袄"的"俗气"配色，"李太君婆"式的不配套，也已经见怪不怪，因为这可以被叫作"混搭"。混搭已经成为时尚界专用名词，是指将不同风格、不同材质、不同身价的东西按照个人口味拼凑在一起，从而混合搭配出完全个人化的风格。

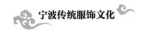

第二节 宁波地方戏曲与服饰

宁波是个历史文化名城，孕育了绚丽多姿的地方戏曲。

"男子忘记落田畈，女子忘记落灶间。"这句顺口溜是形容宁波地方戏曲、舞蹈的魅力，使观众如痴如醉忘记了做生活（干活）。

宁波还有句民谚叫作"南词进华堂，评书唱茶坊，走书下农庄"。此谚语反映了雅俗不同的曲艺形式对听众对象的分流，同时也反映了宁波地方戏曲文化的丰富多样。

宁波地方剧种有甬剧、姚剧、平调、甬昆等，曲艺主要有四明南词、宁波走书、四明宣卷、唱新闻、评话、蛟川走书、雀冬冬、采茶篮、莲花落、小热昏等。慈溪现存小热昏和滩簧，奉化也有滩簧，北仑有唱新闻，鄞州和江北慈城都有宁波走书，镇海的蛟川走书更是远近闻名，加上甬剧，目前宁波市至少还有七个戏曲种类在流传。

在戏曲中，服饰是刻画人物、加强表演的有力手段，是刻画人物性格必不可少的工具。戏衣绣袍对于传统戏曲文化的传承和发展，曾有过不可磨灭的贡献。

一、甬剧（宁波滩簧）

宁波滩簧原来俗称"串客"。串客相传在清乾隆年间由田头山歌和唱新闻基础上逐步形成和发展而来。约在道光年间，一些串客搭档在喜庆堂会、庙会中演唱；逢到春节就参加"马灯班"演唱，出现了半职业性的演出班子。以后，一部分串客进入城里茶馆演唱，成为专业的演唱组织，这就是人们所称的"串客班"。光绪十六年（1890年）邬拾来等数名艺人赴上海演出，渐走红，"串客"遂改称"宁波滩簧"。1938年，宁波滩簧演出时装文明大戏时，始改称甬剧。甬剧擅演现代戏、近代戏、清装戏和一些从外国翻译过来的戏，悲、喜、闹剧皆宜。内容适应市民的思想情操和审美兴趣，生活气息、乡土风味浓郁（图3-13、图3-14）。

图3-13　甬剧老演员金玉兰、徐秋霞授徒
（宁波市地方志编纂委员会.宁波市志，北京：中华书局，1995：2382.）

图3-14　优秀甬剧《典妻》剧照（宁波文化网）

　　滩簧时期行档分生、旦、丑、老生、老旦五类。"生"叫"清客"，分"正清客""小清客"，头戴瓜皮帽，穿长衫、罩背心、着布鞋，手持纸扇。"旦"分"上斩"（谐音）、"下斩"，戴头面、水粉装，穿清装上衣，系长裙（"下斩"不系长裙，穿彩裤），脚蹬一双绣花鞋，鬓边插朵花，头上包块布，手拿一块手帕。"丑"叫"草花"，分正草、帮草，头戴白帽罩，白粉画鼻梁，穿大襟短衣，系劳动围裙，手拿竹篮或肩挑货担。"老生"戴红缨帽，穿外套，拿芭蕉扇。"老旦"扎包头，梳羊角尖，穿清装上衣，下系裙，拿芭蕉扇。

　　新中国成立后，在清装戏中，官服裤子、红缨帽、内箭衣（马蹄袖）用料轻柔，色彩避免过沉，宽窄适当，并按体形裁剪，减弱重、硬感；而女性服装，料子也多用绫、罗、缎、纱、纹料，多取织棉暗花。现代戏服装都根据人物的需要进行设计和制作。

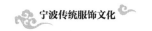

二、越剧

越剧是浙江地方戏曲剧种之一，曾称"小歌班""的笃板""绍兴文戏"，发源于绍兴嵊州、新昌一带。1938年改名为"越剧"，现已成为位居全国第三位的大剧种，流传于浙江、上海、江苏等全国16个省区市。

宁波离越剧的发源地嵊州很近，是越剧的重要市场所在地，也是越剧走向上海的通道。越剧在宁波有广泛的群众基础，至今深得观众的喜爱。

越剧服饰的古装衣，以唐代、宋代、清代服饰为主，兼现代戏服饰。服饰种类包括越剧蟒、越剧靠、越剧裙、越剧云肩、越剧褶子与帔、盔帽、靴鞋等。越剧道具一般是自行制作。

三、姚剧（余姚滩簧）

姚剧原称"余姚滩簧"，简称姚滩，是余姚的地方戏，也是宁波现存的几个地方剧种之一。余姚滩簧是越地民间歌舞和说唱活动形式，内容丰富多彩，在江浙沪享有盛名，原姚北地区（今慈溪），就是余姚滩簧的发源地。1956年9月，经浙江省文化局批准，专业的余姚县姚剧团成立，余姚滩簧正式定名为"姚剧"（图3-15）。

图3-15　1986年姚剧《强盗与尼姑》赴北京演出剧照（余姚文化网）

姚业鑫在《名邑余姚》一书中介绍：姚滩由民间歌舞和说唱逐渐发展成民间小戏，俗称"灯班"，或称"灯戏"。"灯戏"多在元宵灯节时上演，后来发展到其他节日活动。清时出现了职业性灯班，如乾隆时的"才华班"，规模较大，角色齐全。1830 年前后，职业性灯班开始向外发展，又有了"串客""花鼓""鹦哥班"等名称。"鹦哥班"以其大段对白和清唱，巧嘴伶俐而著称。

姚滩的行档简单，分"花脸"和"旦堂"两种，全由男角扮演。"花脸"即一切生角，不分年龄和文武，但在身份上有所区分，文人秀士穿长衫，戴西瓜顶帽，叫"长衫花脸"；劳动者穿短衫，戴绍兴毡帽，系竹裙，叫"短衫花脸"或"草花脸"。"旦堂"有两种，上了年纪系彩裙的叫"上旦"，年轻姑娘叫"下旦"。姚滩的旦角在舞台上坐上位（左边），以显示女人的尊贵。

四、宁海平调

宁海平调是宁波古老的地方戏曲剧种之一，起源于明末清初，有三四百年的历史。以因多为宁海人组班，故又称"宁海本地班"。"宁海耍牙"是宁海平调表演中独创的一门绝活，根据《宁海平调史》一书记载，至今已有 100 多年的历史了。它是一种粗犷中不失细腻，野性中凸现灵动的"变口"技艺。《小金钱》等是宁海平调的代表作，百余年来结合着耍牙的技艺，深深地根植在宁海这块土地上。

耍牙材料取自 200 千克以上的雄性肉猪下颌骨上的獠牙。每一代传人都有一个艰苦辛勤的练习过程，时间在 1~3 年，看天资而定。期间会出现口腔红肿，舌头麻木，头昏眼花，食欲不振等情况。严重的口腔内会出现轻度糜烂，蜕皮后结成老茧。这叫作"台上一分钟，台下十年功"。耍牙的"变口"艺术看似轻松，实则是一门苦功。艺人将獠牙含在口中，以舌为主要动力，齿、唇、气为辅助。它的程序分一咬、二舔、三吞、四吐。变化多端的动作，刻画了独角龙野性中凸显的灵动之美。它以精湛的"变口"工夫，吸引观众的视线，配合平调"三大一小"和《将军令》等曲牌，以狂放的身段亮相，塑造了独角龙不可一世的骄横之态，整个表演过程如龙蛇行地，而耍牙的演技却如锦上添花，恰到好处。

宁海平调——耍牙，它的地域性很强，程式化也非常讲究，至今国内未见有类似的耍牙报道。新中国成立后，耍牙在传统的基础上进行改进提高，由原来的六颗耍发展成十颗耍，赢得了省内外观众的一致好评。

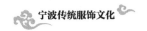
五、蛟川走书

蛟川走书为宁波走书的主要曲种之一，是一种民间说书形式。据老艺人们口耳相传，其起源一说为清末光绪年间镇海县城小南门一个叫谢阿树（又名谢元鸿）所创始，因镇海古称蛟川，故而得名。

早期的蛟川走书仅是一人敲着酒盅或竹板自伴自唱，抗日战争前夕，才开始由一人演唱、一人伴奏并和唱的所谓"双档"形式出现。那时人们对演唱者称为"前场"，对伴奏兼和唱者称为"后场"。后来又改用二胡、扬琴作为伴奏乐器。新中国成立后，发展到了多档形式，增加了琵琶、三弦、箫等多种乐器，但至今仍保留了落调时的和唱，故其乡土气息特浓（图3-16）。

图3-16　1961年著名艺人张亚琴演唱蛟川走书
（宁波非物质文化遗产网）

演员的主要道具是醒木、折扇和手绢，用以虚拟替代曲目中需要的各种物件。

男演员主要穿长衫表演装，也可穿平时服饰，干净整洁即可。女演员可穿旗袍表演，但多穿普通服饰。折扇多用黑色，忌白板扇。

第三节　宁波民间舞蹈与服饰

舞蹈是人类生活与劳动的概括与诗化，舞蹈服饰是纵向历史和横向地域文化的真实记录。民间舞蹈服饰则是地域性生活服饰的艺术显现。

宁波民间舞蹈历史悠久，鄞县沙河出土的东汉时期谷仓罐，有"拿大顶"（俗称倒立人）舞蹈艺术造型（图3-17）。239年（三国吴赤乌二年）始建的普济寺（今江北区慈城镇慈湖中学旧址）内，北宋时的佛座石雕塑有"飞天"舞姿。

图3-17　鄞县沙河出土东汉时期谷仓罐
（宁波市博物馆）

狮子舞、龙舞、跳大头和尚、马灯舞、船灯、车子灯及高跷等民间传统舞蹈，目前仍流传宁波城乡。

一、跑马灯

宁波谚语有"正月跑马灯，二月放风筝"。跑马灯在春节时盛行。1821 年至 1850 年（清道光年间）开始有马灯舞。马灯用竹条编制成马形，糊以着色纱布（或彩布）。前段马头、马上身，后段马下身、马尾，马头与马颈处能上下活动。表演者多系 10 岁左右孩童，胸腹前后挂扎马灯，左手拎马颈，右手执马鞭，边跑边唱。马灯有两盏马灯、四盏马灯、八盏马灯之分。八盏马灯表演者 10 人，其中 2 名男孩为门抢手，称领舞，另有 4 男 4 女。

女披风兜，两边鬓角插绒球，男包彩色头巾，头巾下打英雄结，身着对襟短袄，女则外加披风，穿红、绿、白灯笼裤，着彩鞋。号、角、磬、鼓、锣伴奏，门抢手领头，一个接一个来往奔跑，变换阵式、队形。表演时一人领唱，边舞边唱"马灯调"。

象山县石浦镇"延昌马灯"传说已历 170 余年。表演者 20 人，守城门 3人，马童 4 人，旗手 2 人，马 8~10 匹。竹扎马灯架子，用布或纸蒙成，按不同角色制作古代军装，扮演"杨家将"等人物。多在正月初一至元宵演出于祠堂、庙宇、农户天井、广场等处。领队扛领旗，说吉利话。所到之处，主人赠送年糕等食物或红包赏金（图 3-18）。

在鄞西，跑马灯又有不一样的打扮。相传南宋后期即为传统民间表演艺术。所兴原因，相传是后人为了纪念泥马渡康王而起。表演时，2 名男童头戴帅盔，身着盔甲，扮作将士状，手持门枪领舞；4 位男马童和 4 位女马童身穿士兵服，腰系竹马，左手拎头，右手握马鞭，做跨马状紧随其后。演员在打击乐器的锣鼓声中开始翩翩起舞。通过队形的不断变换，

图3-18　象山马灯队在表演

展现了龙门阵、梅花阵、链铰阵、金蛇脱壳阵等古代战争场面，表现了古代军士的威武和机智勇敢的献身精神（图 3-19）。

图3-19　跑马灯（宁波文化网）

二、大头和尚

旧时浙江各地在年节街头表演的歌舞样式，头戴面具，俗称"大头和尚"。"大头和尚"是一种流传很广的民间舞蹈，亦称"民间哑舞""大头和尚舞"等，历来广受社会各界的喜爱和欢迎。宁波各地的"大头和尚"约起始于清道光二十年（1840年）。

表演者套着大光头面具，穿着和服、便裤、山袜与和尚鞋，手拿佛珠，扮成出家人模样；或是扮成女性，穿上旧时大襟镶边衣裤和圆口鞋，手拿芭蕉扇，可以在舞台草地、广场街头、庭院明堂甚至在船船店铺等几乎所有人们需要的场所进行表演。表演时的人员可多可少，道具简单，造型滑稽，动作风趣，没有语言，表演夸张，诙谐幽默，逗人发笑，老少皆爱观看，与其他的民间舞蹈相比别具韵味，随时都洋溢着一种热闹和欢快的气氛。在表演的时候，如用锣鼓等打击乐进行伴奏，能增强气氛，也可以不用器乐，独立进行演出，同样能达到较好的效果（图3-20、图3-21）。

图3-20 "大头和尚"表演（宁波市地方志编纂委员会.宁波市志，北京：中华书局，1995：2817）

图3-21 大头和尚表演："和谐邻里情"（余姚凤山街道季卫桥社区提供）

三、泗门采莲船

采莲船流传于余姚泗门一带，其内容表现的是一对父女水上采莲的喜悦心情。

采莲船常见于历史上的迎神赛会和节日集会。表演时，父女二人一人一船，船上搭有彩架，船无底。表演者从船底进船内，肩背彩船和彩架，两手挡住船旁，表演起舞。目前所见采莲船一般为两船对舞，表演者各戴老头或

姑娘大头面具，着清装。基本步伐为圆场步，表演时似水上漂游，起伏荡漾（图3-22）。

图3-22　民间舞蹈"采莲船"（宁波文化网）

四、余姚犴舞

犴舞是余姚独有的、极具地方特色的民间舞蹈，距今已有2000多年的历史。它是一种集先民们古朴的哲学思想——五行相生相克原理和祈神、娱神民俗内涵于一体的一种独特的民间舞蹈。

犴的形状比较独特，它的头跟狗差不多，又稍微有点像狐狸，喙分上下两颌，中间露出舌头，下颌有红色的短须，上颌有鼻，左右有双眼，眼圈生黑毛，眼球呈黑球状，头上长着两角两耳。犴的头部是红色的，身子是黄色的。从身段上来看，不了解的人会认为它跟龙很像，但犴是没有鳞的，背脊上有华须分披在两边，尾巴分上下两叉，头尾共七节。

表演时，擎旗手摆成梅花桩，"犴珠"导引，犴随珠舞，基本动作有：吃珠、转身、三跳、进桩、串阵、甩尾、收场等七个阵法，犴手均着黄衣裤和黄色头巾帽，腰束红色丝带，脚穿白色鞋子，犴珠手腰束白丝带；锣鼓、招军等器乐伴之，气氛壮重，动作粗犷。要舞好犴，流传两句民谣：心齐犴也圆，犴飞人亦舞。舞蹈象征犴能生克，克"五行"，又能食虎豹，为民除害，龙能化雨，则犴能化露，故亦称"露龙"，祈求阳光雨露，五谷丰登（图3-23）。

图3-23　余姚犴舞服饰（宁波文化网）

五、穿山造趺

造趺，又名"肩背戏"，亦称"造型"与"造脸"（画脸谱）戏，俗称"马嘟嘟"。造趺的"造"，即造型、造脸（画脸谱）之意，"趺"即盘腿端坐的意思。男女少年站在青壮年男子肩上，边舞边唱、念、做、打，常见于庙会及重大节庆活动，站立在肩上的叫"天盘"，下面行走的称为"地伴"。

据穿山村造趺艺人周德兴（1929 年 9 月生）家传手抄史料，造趺始于清道光十九年（1839 年）。当时，穿山村人出访鄞州（今宁波），在庙会时见到这种艺术形式，后传入。

穿山造趺的形成主要有三个阶段：

穿山村附近的芦江庙会隔年举行一次，时间是农历二月初一至初五，村民就以多种民间艺术样式赴会。造趺是七八岁的童男、童女扮演八仙等古代人物骑在成年人的肩上，百姓俗称"马嘟嘟"，此为第一阶段。到了清光绪年间（1875—1909 年），经打扮的孩子开始站于成人双臂之上，称"天盘"，肩膀立儿童的成人称"地伴"，这是第二阶段。到 1912 年后，"天盘"能唱会舞，"地伴"也能根据"天盘"的表演协调地舞动，这是第三阶段。

20 世纪 80 年代以来，穿山村造趺经常参加宁波市区及镇海、北仑等地的重大庆典和文化活动。

造趺出场前由铿锵的锣鼓声伴奏，然后依次出场，走圆场、绕八字，全体退场站立，再开始逐对表演。

穿山村造跶传统剧目共有5对。第一对演出剧目为《孙悟空三打白骨精》，孙悟空手拿金箍棒，与白骨精三次交战；第二对演出剧目为《金钱豹》，两只金钱豹在山上相遇，互相逞强，三次交锋搏斗；第三对演出剧目为《春草闯堂》，春草戏弄贪官；第四对演出剧目为《岳云与金国公主交战》，大宋小将岳云与金国公主三次交战；第五对演出剧目为《三请樊梨花》，表演薛丁山与樊梨花交战，以打花枪为主，穿插"老快枪""小快枪"，然后下山下马（图3-24）。

造跶中"天盘"在表演时双脚站在"地伴"的肩上，由"地伴"紧紧抓住"天盘"的小腿，"天盘"人物全靠上半身进行武打、亮相，而表演中所需要的前进和后退等步伐变化，则全靠"地伴"配合，"地伴"要随着"天盘"追打的表演走圆场步，亮相时停顿，演唱曲调时则做原地踏步、转动、踩脚等步伐，达到上下配合浑然一体。

图3-24　民间演出队在表演造跶（周建平摄，宁波网，2013-10-06）

"造跶"由于演员站在成人肩上，远处容易望见，又由于演员身着色彩鲜艳的外衣和装饰，喜庆色彩十分强烈，而且以表演传统经典剧目为主，具有独特的技巧与惊险性，故特别惹人注目。[1]

---

[1]　宁波市文化广电新闻出版局. 甬上风华：宁波市非物质文化遗产大观（北仑卷）. 宁波：宁波出版社，2012：92.

六、把酒舞

在宁海前童、岔路区，奉化溪口、西坞、尚田等地，流传着一种独特而古老的婚礼舞蹈——把酒舞（奉化也称"把酒上筵"）。把酒舞源于民间结婚时的礼节仪式，具有浓郁的乡土气息和传统色彩（图3-25）。

图3-25　把酒舞（宁海新闻网）

"把酒舞"在"拜天地、祭祖宗、向长辈贺客致敬"的婚礼仪式后表演。举行这种表演，排场较大，热闹而又隆重，故亲朋至友及全村男女老少都会争相观看。

举办表演时，大厅里挂起通亮的大红彩灯，厅堂中间放着两三张连在一起的八仙方桌；桌上供糖果，点燃大红花烛；桌前挂桌沿布（类似戏曲舞台布置），正上方墙壁挂大幅龙凤图（或九狮图、双喜金字图），图下置两把大红木交椅。

表演时，新娘头戴凤冠，着婚礼袄、长白裙和龙凤布鞋，右手小指系一精致大手帕；送娘或陪娘着旗袍（宁海风俗，送娘十指还戴亮光闪闪的银制或铜制指甲套）。两男丑角，一个化成花脸老太婆，一个化成小老头。花脸老太婆身着大襟衣裳和肥大的灯笼裤，头扎黑布所做帽条，帽条边沿缝上金钱条和花纹，帽条后支着一只约70厘米长的角（俗称"羊角头"），耳上佩两只小麦饼或两只鹅蛋壳，两颊有大红印；小老头则把前额上头发结成小辫，手

拿一把破折扇，身着皮袄。二人装扮以滑稽可笑为要。

把酒上筵一般表演15分钟左右。整个表演是：新娘从落台场碎步到左台角前，两旁由送娘、伴娘相扶。小丑从上台场到台角前，相互行礼作揖，前后交换后位；交换时新娘云步，而小丑学新娘走路，以引人发笑；二人转身行礼作揖，再交换台位，转身作揖，自桌边三步进、一步退往里走，至桌角，同时转身，往外走到桌前，相互作揖。如此反复三次，再回原地交换台位。小丑转身做"斜托掌"动作，要新娘试学，新娘不肯，但在送娘催促下，新娘迈三进一退舞步至台左角转身做斜托掌动作，小丑又想出难题再考新娘，送娘拦住……

把酒上筵音乐伴奏以民间小调"柳青娘"为基调，乐器除了笛子以外，还可配上唢呐，以增加气氛。把酒舞的表演形式虽然简单，但乐趣无穷，是当时喜闻乐见的婚礼娱乐活动。

表演者要善于细致刻画人物心理，并表现出一种温文、稳健的特征，以突出江南女子含蓄内向的性格。

七、宁海狮舞

狮舞是流行于我国各地的民间舞蹈，它起源于唐代，经过千余年的发展，现已成为我国广大人民喜爱的舞蹈样式之一。狮舞在宁波城乡流行较广，宁波市区及余姚、慈溪、宁海、象山各市县均有舞狮的传统习俗，其中尤以宁海的狮舞最具特色，影响最大。

宁海狮舞俗称"打狮子"，又称"狮子灯"，在宁海流行盛广。相传历史上舞狮盛行的高峰时期，宁海全县共有300多个舞狮班。据前人史料考证，宁海狮舞可追溯到梁代，《晋书·地理志》载，宁海人"气躁性轻，好佛信鬼"。唐鉴真和尚东渡日本，几次绕道宁海，住城南福泉寺讲经，相传这一狮舞的表演习俗是由鉴真大师来宁海时传授的。

宁海的狮舞演出在宁海各种民间艺术活动中最为突出。明崇祯年间《宁海县志》载，宁海"正月演剧，敬祖迎神，乡间十二起，城里十四起，至十八乃止"。这里所说的演剧，当指演戏及民间的龙舞、狮舞、灯舞等多种民间戏文化，而这种敬祖迎神活动，又以狮舞为最盛，这种舞狮的习俗一直传承至今，现宁海城乡尚在活动的"舞狮班"仍有 50 多个。每年一到元宵节，宁海各乡镇都组织形式各异的狮子班，他们串村走户，投帖联系，锣鼓喧闹。一般的舞狮班有十几人，大的甚至有几十人。舞狮时充当狮子的两个表演者不时有搔痒、舔毛、打滚、跳跃、腾转、蹲伏等动作，以表现狮子的各种形态。在狮舞演出过程中，舞狮后面常常接着表演各种武术，如舞拳、弄棒、跳桌、爬行、倒走、耍刀等，最后由一表演者滚钢驯狮而终场。

八、木偶摔跤

木偶摔跤是流传于余姚泗门一带的民间民俗舞蹈，在当地也俗称为"掼木头人"。距今已经有 100 多年的历史了，在 19 世纪下半叶传入余姚。如今在姚北一带的民俗节庆和庙会等大型群众文化活动中，一直是群众喜闻乐见的民间艺术保留节目（图 3-26）。

图3-26　木偶摔跤（余姚泗门文化站提供）

木偶摔跤由一个艺人单独操作表演，演员两臂和腿都穿好裤子，上身前俯，双手穿鞋代脚，扮成两假人下肢，背负两个相互缠肩搭臂，对峙摔跤的假人上身。木偶身着服装大都沿袭清朝的服饰和人物形象，戴西瓜帽、梳长辫、穿对襟黑布衫，布衫将表演者遮住，造型逼真而夸张。木偶摔跤后场伴奏则采用当地的"急急风"等民间曲牌，伴奏器具则采用锣、鼓、钹和小锣等。

木偶摔跤的动作集惊险激烈和幽默诙谐于一体，基本套路有"两虎对

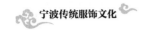

峙""苍鹰擒雏""仙鹤甩嘴""凤凰晒衣""前进后退""左翻右滚""独立金鸡""乌风扫地""饿狼扑羊""背水恶战""出奇制胜""擂地十八滚"等。表演时,艺人俯伏在联体木偶的衣罩下,全凭心灵感觉和身体的触觉在暗中操作,所以需要深厚的艺术功底和技巧。整个场面自始至终只有木偶人在扭打、撕摔、翻滚、进退,而看不到艺人的动作,直到演出结束,表演艺人掀开罩布谢幕时,人们才恍然大悟。

九、石浦舞鱼灯

舞鱼灯,是石浦民间的传统节目,深受人民群众的喜爱。

石浦,地处东海之滨,是我国著名渔港,东门岛、延昌、番头一带的渔民,世代耕海牧鱼,故舞鱼灯的习俗是石浦最具地方特色的民间舞蹈,也是传统性的有益的大众娱乐活动。就当地来说,风调雨顺,鱼蟹满舱,即是好年景,即是喜庆年岁。再说,"鱼"是"年年有余""富足有余"的"余"字的谐音,故鱼便在人民心目中成了吉祥、幸福、美满的象征。舞鱼灯托物寓意,也寄托着广大渔民对美好生活的向往和愿望。

其实舞鱼灯源远流长,历史很悠久,最早起源于原始社会的鱼图腾舞蹈,后来东汉张衡写的《西京赋》中就有鱼化龙、龙变鱼的记载,由此可见1700多年前西汉京都长安,鱼灯、龙灯及鱼龙文艺已盛极一时。

石浦人民在春节、元宵节和"六月六"庙会期间,都成群结队地欢舞鱼灯。其间有表现鱼化龙的鳌鱼灯、黄鱼灯、鲫鱼灯、鲤鱼灯、虾灯和乌贼灯等,红的、黄的、白的、绿的,色彩斑斓,栩栩如生;盏盏灯里点燃着蜡烛,银光闪烁,美丽多姿。舞鱼灯的队伍十分壮观,有牌旗、牌灯、彩旗、花灯、乐队……多个小伙子人手高举一盏鱼灯冲荡回旋,鱼贯欢舞。此时,锣鼓乐队使劲敲击,号角喧天,鞭炮齐鸣,绚丽多彩,热闹非凡,一片喜气洋洋的气氛。

小伙子们勇武灵活,技艺精湛。鱼灯的平、侧、卧、翩、沉、浮等灵活自如的舞姿,各种"穿花"队形互相穿织、频频嬉舞的情景,表现了风和日丽,鱼群欢跃,畅游大海的美景。鱼灯的反扑、腾挪、跳跃、翻滚,进进退退,几上几落,最后百丈悬波,冲浪而跃,令人眼花缭乱,目不暇接。

舞鱼灯这一民间舞蹈形式，给石浦人民带来了欢乐、丰收和喜庆的气氛（图 3-27）。

图3-27　十四夜灯会（象山石浦文化站提供）

第四节　宁波民间文学与服饰

一、民间故事与传说

1. 康王与特色服饰系列传说

康王赵构，即宋高宗，在中国历史上赫赫有名，有意思的是，在民间，康王南逃的故事也几乎家喻户晓，尤其是康王逃亡沿线的地方，更是有许多传说。在宁波大地上就流传着许多故事。故事中的康王永远是一路狂奔、落难获救的形象，救他的总是善良、机智的老百姓。宁波有许多地名记录了这些富有戏剧性的故事，诸如现宁波市区的"惊驾桥"，鄞州的"宋诏桥""慧灯寺"，等等。

"着衣亭"和"下装溪"

相传，康王策马扬鞭，南逃到象山，越过珠山，穿出珠山岙。当时金兵紧追不舍，村民看见一英俊小将被追得走投无路，知是宋将，忙领他引入小路，躲进一个路亭，并快速替他脱下战袍，换上民服，引他向西南逃去。后来人们才知他就是以后的高宗皇帝，因此称该亭为"着衣亭"。

康王怕再遇金兵，不敢走大路，尽翻山越岭。后来他爬上一座大山，望见一港口，就是象山港，不禁喜出望外，脱下民服，丢弃在山下的溪坑里，直奔港边，跳上船出海避难。后人称这座大山为"装弃大山"，称山下之溪为"下装溪"。年长月久，"装弃大山"传为"庄溪大山"，"下装溪"传为"下庄溪"。

在这两个故事中，服饰竟然是当中的主要道具，塑造了狼狈不堪的康王和沉着机智的老百姓形象。

"布襕"与"鸳鸯龙凤带"

在康王逃亡故事的服饰道具中，最有名的要数那一袭"围身布襕"了，这也是后来的"浙东女子皆封王"的由来。

以"布襕为凭"，在象山还有一个版本。说的是康王获救后，解下腰间的鸳鸯龙凤带递给姑娘，说以后将以此龙凤带作为凭证接姑娘进宫。康王后来派大臣前来迎接姑娘，大臣寻到这个村子，只见村里的姑娘，个个腰间都系着同色同样的带子。这一带的姑娘都是织绣高手，大臣寻了三日三夜，也分不清哪是真，哪是假，只好回去复命。那个村子也就因此称作王避岙了。

蓑衣的传说

蓑衣用棕榈丝编制，是农民田间作业的雨具。据传1127年康王赵构被金兵追赶到镇海，被一女子藏在竹箩里，上面盖了件蓑衣，帮赵构逃过一劫，这下蓑衣身价百倍，被称为"龙袍"了。

因蓑衣被康王盖过，所以被喻为"龙袍"，产妇刚生下小孩就把蓑衣盖在被子上面，鬼怪不侵。穿着蓑衣不能进房门，否则祖先无处躲避；也不能进灶间，否则灶神看见了蓑衣要叩拜。

笼裤的传说

据《石浦镇志》记载，"传宋小康王被金兀术追至定海（今镇海）紫微岙，为一渔民所救。遂送一宽大黄色裤子，以感谢渔民摆渡之功。皇帝是真龙太子，因称龙裤。"[①]

笼裤始于清康熙年间，笼裤宽大，上身所穿衣摆，尽纳裤腰中，劳作时

---

① 《石浦镇志》编纂委员会.石浦镇志（下）.宁波：宁波出版社，2017：1349.

无损上衣；渔民在船起居，可方便盘腿而坐，起蹲自如。

2.虎头鞋的传说

做长辈的为啥要给刚刚出生的儿孙穿虎头鞋呢？奉化岳林一带还流传着虎头鞋吓虎的有趣故事。

相传，古时，奉化南山中腰地段有一个叫南山岙的小村，住有几户山民。这深山冷岙有老虎，经常下山吃人，闹得人心不宁，提心吊胆，家家户户都把小孩关在屋里，不让出门。

当时有一个聪敏的小媳妇，对三岁儿子十分中意，喜欢给其穿戴打扮，她花了三天三夜的时间，给孩子做了一双"虎头鞋"。孩子穿上这双鞋，非常高兴，整天在外面奔跑、玩耍。

一天傍晚，山里的老虎又到村里来找吃食，一见村边有个小孩在玩，就纵身一跃向他扑上去，当老虎按住小孩时，看到小孩的两只脚，心里想：咦，我的孩子在窝里，咋会跑到这里来？于是就轻轻地放了他。小孩不懂事，也不害怕老虎，见自己脚上穿的鞋和老虎的头一样，想起娘在给他穿鞋时说的一句话"咬、咬、咬"，就一边"咬、咬、咬"地大叫，一边仰面朝天，双脚乱蹬乱踢。这时，老虎正低下头，用舌头爱抚着孩子，孩子的一只小脚刚好踢到老虎的一只眼睛上，老虎忍着痛又想，哎呀，这不是我的孩子，这只小老虎比我还厉害，它准能吃掉我，吓得掉头拼命向山里逃去。从此，老虎就不敢下山来吃人了。这件事情一传十，十传百，成了奉化县里的特大新闻，当人们知晓其中原因后，便学着聪明媳妇的样子，给自己的孩子绣上一双虎头鞋，穿在脚上防老虎伤害。

3.姑娘穿耳环的来历

早先，宁波骆驼镇上有一个名叫阿喜的姑娘，她生得心灵手巧，长得非常俊俏，人见人夸。可是有一天她忽然觉得头晕目眩，一下子晕了过去，醒来时，她那又黑又大的眼睛变瞎了，她非常痛苦。有一天，一个姓刘的郎中路过，见阿喜痛苦不堪的样子，非常同情，于是就询问起她失明的原因，阿喜就把当时的情景一五一十地告诉了他。刘郎中听完她的讲述后，从背包里掏出两枚银针，在她的左耳垂上一扎，阿喜的左眼微微地看到了一点东西，在她的右耳垂上一扎，她的右眼也看到了东西。郎中说："眼睛只能慢慢地亮，

日子久了会全好的，我有急事要走了，就把这两枚银针留在耳朵上吧！"郎中动手将针变成了圆圈，留在阿喜的耳垂上。后来阿喜的眼睛果然好了。她为了感谢那位姓刘的郎中，就打了一对金光闪闪的耳环，戴在耳上。从那以后，姑娘们都看样戴上了耳环，直到现在。

二、歌谣与谚语

1.《四季衣》

以自然节气的规律性变化为依托的传统节日，充分体现了人们尊重自然节律，顺应自然时序的观念。中国传统节日从时序安排上贯穿春夏秋冬，所以也叫作"四时节庆"。在"四季"更替中，人们的衣服也随之"换季"。

宁波象山一带有《四季衣》歌谣，以四季衣服为载体，反映了母亲对孩子的挂念，同时也展现了服饰在四季的变化。

春季里来穿春衣，夏季里来更夏衣，一针一线娘血泪，衣薄似纸情万千。莫忘慈母手中线，树下纳凉莫受寒，织成游子身上衣，一件单衫定要披。秋季里来换秋衣，海棠叶落北风起，须知秋寒胜冬冷，及时添衣莫大意。冬季里来调冬衣，冰天雪地风似剑，娘亲不在你身边，你衣食寒暖须自理。

2.《尺衣歌》

《尺衣歌》是尺衣铺独特的叫卖歌。尺衣铺就是旧衣铺，尺衣铺曾经是最底层的行业商铺，但却要求店员能见机而行，出口成章，所以尺衣铺的店员被称为"尺衣倌"。"尺衣倌"是店员中的一个特殊的群体。推销旧衣，全赖尺衣倌当街叫卖；生意好坏，就全靠站在长凳上的尺衣倌能否出口成章，编出生动贴切的歌词，并叫唱得响亮好听，吸引顾客。好的尺衣倌，无论拣一件什么衣服，搭在手臂里，瞟一眼围在眼前的顾客，立即就能编出一段唱词，这就是《尺衣歌》。《尺衣歌》是城市中的一种特殊民谣。尺衣铺与一般市民尤其是穷苦百姓的关系十分密切，又因它独特而生动的叫卖方式，所以在民间有很大的影响，曾是老宁波街头一道独特的风景，同时也记录了一个时期宁波百姓的服饰风貌。以下选摘了 6 首《尺衣歌》。①

长衫歌

强来强，卖来卖，长衫改作短衫卖。

剪落下摆做裤子，春夏秋冬穿四季。

袖子剪落（做）鞋面布，一年两年穿勿糊。

再做一件小背单，侬看样子赞勿赞？

格冒便宜勿来撒，当心回去后悔煞。

毛花呢、夹长衫

尺寸有得四尺三，改成一套样子赞，

下面改条西装裤，上面好做大襟衫。

小襟剪落做背单，零零碎碎辫纽攀。

两只袖子嫌太长，剪落做双鞋面爿。

一只夹里还要好，杭州纺绸有名道，

天介（音：谷）热眼改一套，看起式样蛮时道，

卖拨（给）漂亮大阿嫂，穿在身上刚刚好。

各到各处跑一跑，像煞是个"大好佬"。

长棉袄（1）

强来强，卖来卖，长长棉袄沿街卖。

这件棉袄勿一般，面子夹里勿简单。

雪白棉花中间嵌，尺寸有得三尺三。

冷冷天介当大衣，夜里脱落当棉被。

落雨还好当雨衣，做客看看也体面。

只卖一元银洋钿，价钿咋会介便宜？

---

① 汪志铭.甬上风物：宁波市非物质文化遗产田野调查　海曙区·江厦街道.宁波：宁波出版社，2009：26.

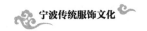

长棉袄（2）

强来强，卖来卖，长长棉袄随便卖。

只要穿我长棉袄，勿怕海里西风暴。

买起（去）朋友大运道，带鱼会坷木佬佬。

脚里穿双橡皮套，头里戴顶大呢帽。

宁波上海跑一跑，像煞是个"张元"佬。

（注："张元"为鱼行老板）

笼裤歌

笼裤做工特别好，两只裤脚蛮大道。

上下贴皮丝线包，花头好像紫葡萄。

裤腰绣只金元宝，买去朋友大运道。

出洋拘鱼运道好，鱼货会坷木佬佬。

勿去出海也好着，亲戚屋里做人客。

普陀山去拜菩萨，和尚当侬大香客。

原价要卖二元八，现在另头全摆塌。

有心朋友莫错过，二块洋钿强货撮。

罗纺衫

广东广西出广货，江浙两省出绫罗。

杭州绫罗名气大，要卖卖拨（给）老婆婆。

罗纺衣裳穿一件，挨其挨其（走路样子）人客做。

隔壁邻舍去坐坐，女婿屋里丈姆做。

吃素念佛拜弥陀，侬看动火勿动火。

半送半卖卖拨（给）侬，只卖五只"浑道罗"。

（注：动火——宁波话，喜欢。"浑道罗"——外国话，角子）

3.结婚歌谣

在宁波的婚嫁习俗中，为增添气氛，常常由"贺郎"来唱结婚歌谣。

以下是象山黄避岙一带的结婚歌谣，渲染结婚时的喜庆气氛，此段主要描绘新娘子的装扮。

看新娘（片段）

新新娘子新新房，花烛点得亮堂堂，

恩爱夫妻配成双，天上织女配牛郎。

…………

新新娘子满身香，三看新娘新衣裳，

五条裤子五件袄，五代见面有福享，

红缎裙子拖脚面，贴身里袋挂在肉胸膛。

天生一副鹅蛋脸，八字眉毛长又尖，

画眉眼睛水上仙，仙人钻在眼里边。

鼻头直直像栋梁，生出儿子会拜相，

两只耳朵白又嫩，金打丁香（即金耳环）有半斤，

四看新娘水红菱（鞋花），红缎花鞋长两寸。

上面绣起五色凤，鞋肚里衣香（香料）有半斤。

…………

闹五更

一更来姑娘看龙灯，嫂嫂为她扮花容。

放落青丝发，梳起龙凤头。

大红袄儿拼上白绫裙。

对襟披风轻巧巧，三寸金莲左右分。

4. 农事谚语

以下是反映农事的两则谚语。

萤火虫

萤火虫，夜夜红。

公公挑担卖胡葱，

婆婆养蚕摇丝筒，

儿子读书做郎中，

媳妇织布做裁缝，

家中米吃甏不空。

纺纱

九月里来九月花，九月婆婆纺棉纱。

棉纱纺得匀又细，织成棉布暖人家。

5."穿上芦花鞋，脚冷就不怕"

这是慈溪坎墩当地的谚语，反映了物质匮乏时期，人们因地制宜的智慧。

清朝末期，农村极为贫困，农民做不起棉鞋，只得用保暖性好的芦苇花、稻草织成鞋，穿着保暖效果很好，至20世纪六七十年代绝迹。

做芦花鞋的工艺流程：一是选材料，采集芦苇花、早稻草、笋壳。二是编鞋底，主要流程包括：① 搓草绳，截取比脚略长的四根草绳做经线；② 把早稻草、芦苇花、笋壳搓成小股，编在经线上做成鞋底。三是编鞋帮，主要流程包括：① 用芦苇花、早稻草、笋壳混在一起变成小辫；② 小辫穿入鞋底边缘围成圈往上编，逐步收缩使之形成鞋边、鞋跟。四是修外形，剪去芦苇花周边的杂草，使之光洁美观。

6."棚子好做色难配"

民间刺绣已有2000多年的历史了，各地绣法各异，内容丰富，是民间文化的宝贵遗存。宁波地区同样活跃着一批具有优秀手工刺绣技艺的传承者，并结合当地特色，发挥其独特之处。这本是以前每个女孩必修的"女红"，属于群体传承。20世纪80年代之前，宁波地区很多妇女都会这项手工技艺，并且用来贴补家用甚至以此谋生。

"棚子好做色难配"，"棚子"即刺绣，根据图案配色要求配置丝线。说明色线的配置在刺绣上具有很重要的地位。

7."带个香草袋，不怕五虫害"

早在2000多年前，我国民间就有人佩戴香囊以避除秽恶之气、确保自身健康的民俗。

宁波的这一习俗起于何时已难考证，但挂香囊的风俗，至今仍流传很广。

佩香囊，既是一种民俗，也是一种预防瘟疫的有效方法。在夏季传染病开始抬头的时候，古人为了确保孩子们的健康，用中药制成香袋拴在孩子们的衣襟和肩衣上。尤其在端午节，挂香囊的风俗很普遍。香囊中常用的是芳香、开窍的中草药，如化浊驱瘟的苍术、山奈、白芷、菖蒲、麝香、苏合香、冰片、牛黄、川芎、香附、辛夷等药，有清香、驱虫、避瘟、防病的功能，因此民间有"带个香草袋，不怕五虫害"之说。

8. 其他

"清明不戴柳，红颜成皓首"，清明节，妇女结杨柳球戴于发髻，据说可以红颜不老，故有此谚。

"惜衣有衣，惜食有食。新三年，旧三年，缝缝补补又一年。"充分表达了宁波民众节俭的传统。

"抬头三针，低头三针"，展现了绣女刺绣时的惜时心情和刺绣的不易；

"鞋勿差分，衣勿差寸""男子抓鱼落洋种田地，女子绣花织麻纳鞋底""梭子两头尖，歇落既饭钿；织的绫罗绸，穿的旧衣衫""纺车响，饭菜香"，反映了旧时绣女、织女的生存状况。

"十分相貌七分扮，扮起来像一个旦"，突出衣饰装扮的作用，正所谓"人要衣装，佛要金装"。

三、谜语

宁波地区另有多则有关服饰的谜语，妙趣横生，反映了宁波当地民众的聪明才智与积极乐观的生活态度。

谜面：东边一座庙，西边一座庙，两只猢狲来上吊。（谜底：耳环）

谜面：一户几口人，各有各的门，谁要进错屋，就会笑死人。（谜底：纽扣）

谜面：两只井，一样深，跳落去，上腰身。（谜底：裤子）

谜面：有腿没有手，有腰没有头，腿上再加腿，立刻就能走。（谜底：裤子）

谜面：肚里四根筋，有鼻不闻香，走走四方路，尸骨不还乡。（谜底：草鞋）

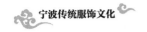
谜面：日里满棺材，夜里空棺材。（谜底：鞋子）

谜面：头尖身细白如银，红黄黑白都穿遍，跟着衣裳是它连。（谜底：缝衣针）

谜面：五个人摇船，五个人对话，一个人收钱。（谜底：纺纱）

谜面：脚踏宁波江桥头，眼看苏州面摊头，一只小船两头尖，双手扳嘞到福建。（谜底：织布）

谜面：一根撑鱼二个头，搭出肚肠还会游。（谜底：梭）

谜面：东边出日头，西边雨丝压骤骤，树上知了叫，鸭蛋河里撩。（谜底：抽丝）

谜面：为剪起因，为线接成。为鳅起恨心，抛开牡丹情。（谜底：竹衫，竹衫就是夏天穿的用竹段线接成的内衣衫，很凉快，到了秋天就脱下，所谓抛开牡丹情了。现在竹衫已失传，见图3-28）

图3-28　20世纪40年代竹背心（宁波服装博物馆）

该件背心以极细小竹为原料制成，较珍贵。小竹圆形，两头平中间空心，每段长1厘米，粗细均匀，用白色丝线将竹段串编成菱形格纹，呈镂空网纹状。另在腰部及下摆共有三行织法不同，每两根一组垂直排列。该件背心最明显的特点是：独幅织成，没有接缝。一件背心有4000根左右小竹段。竹表面光滑且有光泽。因其圆而短，串成的背心质地较柔软，手感好。串编工艺较复杂，夏天穿上此背心，凉爽无比，领、襟、腋下、下摆边缘均滚边，滚边布料和布均为本白色棉布。过去也有夏天演戏时，演员贴身衬在戏服内，作为降温和防止汗水沾上戏服的作用，多为明、清之物。

第一节　宁波刺绣

刺绣，古称黹，俗称"绣花"，《考工记》中记载"五彩备，谓之绣"。刺绣在中国服装史占有重要的地位。

中国的刺绣艺术历史悠久，早在远古时代，就伴随着玉器、陶器和织物而诞生。刺绣与养蚕、缫丝分不开。中国是世界上发现与使用蚕丝最早的国家，人们在四五千年前就已开始养蚕、缫丝了。随着蚕丝的使用，丝织品的产生与发展，刺绣工艺也逐渐兴起，据《尚书》记载，4000多年前的"章服制度"就规定了服装"衣画而裳绣"的装饰。可见中国在四五千年前，刺绣品已经广为流行了。1958年，在长沙楚墓中出土了龙凤图案的刺绣品，这是2000多年前中国古代战国时期的刺绣品，是现在已经发现的中国最早的刺绣实物之一。唐代和宋代的刺绣工艺都有很大发展。白居易在《秦中吟》一诗中写道："红楼富家女，金缕绣罗襦。"

宁波历史上是有名的"刺绣之乡"，曾有"家家织席，户户刺绣"的传统习惯。

宁波刺绣（简称"宁绣"）历史上曾与蜀锦、苏绣齐名。至明代，由于画绣（即刺绣艺人结合绘画再创作的刺绣方法）的诞生，极大地推动了各类刺绣业的发展。不仅工艺技术和刺绣的内容得到了提高和扩展，而且其作品也更加广泛地应用于民间，有一首宁波歌谣《十绣荷花》这样唱道：

千针刺，万针挑，

妹坐西楼绣荷包，

一绣天上众星托明月，

二绣海边白鹤衔仙草，

三绣麒麟送子来报喜，

四绣南极仙翁捧蟠桃，

五绣月里嫦娥伴玉兔，

六绣龟鹤延年松不老，

七绣牛郎织女鹊桥会，

八绣八仙过海云头飘，

九绣刘海砍樵戏金蟾，

十绣丹凤朝阳霞光照。

以上是对当时绣娘们巧夺天工的刺绣技艺的赞美。

两则关于刺绣的谜语同样说明了宁波传统刺绣的精美：

金漆架子木搭台，红粉姑娘坐起来，红花绿叶徐徐开。

紫竹栏杆木搭台，有位姑娘把花栽，只听台上嘣嘣响，一朵鲜花慢慢开。

宁波绣品主要是"金银彩绣"。金银彩绣又名仿古绣，系用金线、银线及各色彩线盘绣于丝缎或其他面料上，分包金绣、垫金绣、网绣三类工艺，绣工精湛、色彩和谐、古朴雅致，制品有绣片、台布、靠垫、软包等（图4-1）。胖绣、平绣和盘金包边技艺成为宁波绣的重要特色。金银绣的表现题材主要以民间喜闻乐见的龙、凤、如意、麒麟、梅兰竹菊等吉祥图案为主，形式上吸收了敦煌画中藻井图案及戏剧补子图案，大胆地运用宁波刺绣盘金、盘银的传统针法，创造了独具特色的地方风格。绣品选用真丝、绸缎为原料，用金银线绣在彩色平绣图案的周围，或将金银线紧密排列，布满图案周围的空间，使盘金与色线融为一体，典雅古朴，色泽悦目，富有高雅的装饰韵味。当代著名学者赵朴初题赞为"斟古酌今，裁云剪月。奇花异草，妙笔神针"。

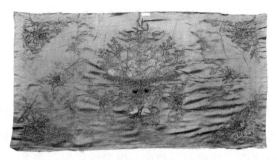

图4-1　奉化收购20世纪20年代绣片（宁波服装博物馆）

　　方形绣片，长8厘米，宽53厘米，大红软缎，盘金绣，中心绣高缎花篮扦花卉，四角绣花。绣面大，色泽暗。

　　宁波金银彩绣工艺应用于宗教、寿庆、服饰、日常用品等方面。用于服饰品上，主要是嫁衣、绣鞋。新娘的婚礼服除色泽以红色为基调外，刺绣的图案亦十分讲究，隐喻夫妻恩爱的吉祥图案是首选。童装上运用也很多，包括衣、帽、鞋等（图4-2、图4-3）。同时在戏剧服装上应用也非常广泛。宁波地方戏剧丰富多彩，其中最具地域特色的有甬剧、宁海平调、姚剧等。上述三类是宁波地方戏曲的代表，虽风格各异，唱腔百调，不过有一样相同，就是唱戏的都有戏服，戏服上大多有精美的刺绣图案，这些刺绣不少就是应用了金银彩绣的工艺。

图4-2　20世纪40年代大红缎金银彩绣童鞋
　　　　（宁波服装博物馆）

图4-3　20世纪40年代玫红绣花鞋
　　　　（宁波服装博物馆）

　　金银绣，顾名思义就是广泛运用金银线作为基材、辅以各种色线的绣品。金银绣历史可谓源远流长。据记载，金银绣在古代叫"盘金"或"盘银"，是采用纯金、纯银搓丝绣制的作品。

"盘金"绣始于汉而盛于唐。唐代鉴真和尚曾居住在宁波阿育王寺，东渡日本时带去了我国的木雕、漆器、彩塑佛像及金银绣千手佛等艺术品。金银绣千手佛至今仍被日本奉为国宝。明代戴缙夫妇墓地还出土过多件金银绣衣裙。

明代时，宁波绣庄集中于城内车轿街、咸塘街，专为寺庙、婚嫁及官府贵族定制。如明正德六年（1511年），日本83岁的了庵桂悟到宁波，明武宗赐其住持宁波育王山，并赐金襕袈裟，由宁波府制。鄞县女子金星月绣500罗汉，10年足不下楼，绣成后施于昭庆寺。

清光绪六年（1880年），许朝阳、许朝松兄弟于城区大梁街开设许德来绣花作坊，世代相传。据许氏第六代传人许谨伦先生口述，金银彩绣为其祖上设计纹样的重点绣种。

到了民国时期，据《鄞县通志》记载，"刺绣其先有药行街仁慈堂之天主教徒传授女工，渐增至千余人。"这段文字虽只笼统提到药行街为当时的行业街道，但已有刺绣店铺30~40家。

1956年，宁波响应国家号召，开展手工业改革高潮，各家手工业个体店合并成手工业社，其中就有"绣品合作社"。这些改革组织起了强大的刺绣队伍，为迎接宁波金银彩绣的繁盛做了最好的铺垫。1960年的统计数据表明，当时有绣花工人400多人，近郊农村从业人员4000多人。

1969年左右，宁波的金银彩绣迎来了最盛时期。其盛起的原因，据刺绣老艺人孙翔云先生口述有两种：其一，在某次展销会上，宁波绣品厂（前身即绣品合作社）的职工参照梁祝戏剧中祝员外（祝英台之父）所穿戏服上的团花纹样，单独做成的金银绣片，意外受到外国客商的喜爱，于是开始大规模制作外销。其二，当时宁波二轻局干部去北京参观皇陵出土文物的展览时，认为出土袍服上的补子很有开发再创作的意义，于是结合宁波金银彩绣的技法，制作成金银绣片，并刻意采用如出土文物般的灰暗色系丝线，亦受到海外客商的追捧。因此宁波金银绣片也曾一度被称作"仿古绣"。可见，宁波金银彩绣的盛起和外贸出口有密切联系。这和宁波作为港口城市的特点是分不开的。到了20世纪80年代，随着商品经济的发展，从事刺绣的人员又大大增加。据1995年出版的《宁波市志》记载，1983年，宁波绣品厂金银绣外销

50多个国家和地区，年产值达数百万美元，加工的绣户分布各地，达5万多人。1985年，鄞县工艺品联营厂、余姚工艺品联营厂，分别生产雕平绣台布和钩针镶拼台布，余姚布厂、余姚服装厂生产出口绣花茶巾和餐巾。1987年，金银彩绣品企业5家，产雕平绣台布和钩针镶拼台布1.78万条、绣花茶巾和餐巾144.83万打，外贸交货值1182.32万元。[①]1990年，产阿拉伯头巾6.19万打，产值346.9万元，内出口4.61万打，外贸交货值398.83万元；产雕平绣台布和钩针镶拼台布2.74万条，出口绣花茶巾和餐巾477.2万条。[②]

20世纪80年代末，宁波的金银彩绣与其他手工技艺一样遭遇了历史性的衰退。

金银彩绣业的萎缩，与整个社会的转型和变革紧密相连。一方面，随着西方生活用品源源不断的流入，传统手工艺市场遭受严峻挑战，同时传统手工艺技艺、风格的程式化，使其偏离了时代发展。另一方面，随着产业化结构的变革和机械化生产的发展，电脑刺绣很大程度上代替了手工刺绣，此外金银彩绣的生产成本也锐增。如此种种原因，导致整个手工金银彩绣业急剧萎缩。

现在，宁波市文化部门已开展了对金银绣的扶植和保护工作（图4-4）。

图4-4　现场展示绣艺（2018年4月摄于宁波文博会）

①②　陆顺法，李双.宁波金银彩绣.杭州：浙江摄影出版社，2015：54，53.

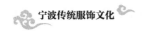

一、金银彩绣国家级代表性传承人

2011年6月，由宁波市鄞州区申报的"宁波金银彩绣"成功入选第三批国家级非物质文化遗产名录。2012年12月，许谨伦入选第四批国家级非物质文化遗产项目代表性传承人。[①]

许谨伦，男，1948年2月生，许氏第六代金银彩绣传承人（图4-5）。中国工艺美术学会会员，浙江省刺绣专业高级工艺美术师，宁波市非物质文化遗产保护专家委员会委员，曾任宁波绣品厂设计研究所所长。先后获宁波市劳动竞赛委员会"特等功"以及宁波市政府授予的"优秀工程技术人员"等称号。

图4-5　许谨伦

（浙江省政协文史资料委员会．口述历史：我与"非遗"的故事2. 杭州：浙江人民出版社，2014：270）

许谨伦先祖从1845年起，即在宁波大梁街开设"许德来写花店"，主要经营刺绣作品，如嫁衣、床上用品和绣鞋等。"这样一路传到第五代许谨伦父亲许任泉手上。1956年公私合营，许谨伦父亲许任泉加入宁波绣品合作社。许父当时有一个绝活，能一支笔写左右拖鞋花样，在宁波工艺美术界颇有威望。1956年，许父还曾参与设计制作一幅绣品《东方红》，送到北京参加艺人代表大会，并得到朱德委员长赞赏。"[②]

1962年，许谨伦进入宁波绣品厂，随父亲许任泉学艺，开始从事金银彩

---

① 茅惠伟．甬上锦绣——宁波金银彩绣．上海：东华大学出版社，2015：111.
② 宁波市文化广电新闻出版局．甬上风华：宁波市非物质文化遗产大观（鄞州卷）．宁波：宁波出版社，2011：337.

绣设计、制作，金银彩绣日用品和艺术欣赏品
的开发研制工作。1985 年担任新产品开发组
组长，同年赴北京参加为期一年的全国工艺美
术专业设计人员进修班。1986 年 10 月开始从
事新产品开发研制、技术管理、质量管理等工
作。1988 年担任宁波绣品厂设计研究所所长。
1989 年，作为主设计人开始设计大型金银彩绣
立屏作品《百鹤朝阳》，且直接参与制作。该作
品于 1990 年荣获第八届中国工艺美术百花奖
珍品（国家金奖杯），并入选参加第五届全国
工艺美术展览，被轻工部征集为国家级珍品，
收藏于中国工艺美术馆精品馆。他的金银彩绣
作品《四季花香》入选第五届全国工艺美术展
览，荣获第九届工艺美术百花奖优秀新产品一
等奖（图 4-6）。

图4-6　《四季花香》挂屏（私人
收藏）

　　宁波金银彩绣列为国家级非物质文化遗产
名录之后，许谨伦成立"宁波海曙区许谨伦金
银彩绣工作室"，专门设计制作金银彩绣作品。
近年来，许谨伦还应邀到社区、学校上辅导
课，并积极参加鄞州区或宁波市文化部门组织
的非物质文化遗产展示活动。他又在浙江纺织
服装职业技术学院设立工作室，定期为学生们
传授金银彩绣技艺（图 4-7）。

图4-7　学生在学习中
（2021年1月11日摄于浙江纺织服装
职业技术学院纺织学院）

　　此外，许谨伦还加强了在理论方面的研究
与探讨，同时积极创新。先后撰写了《金银彩
绣的艺术特色》《宁波金银彩绣"百鹤朝阳"立屏介绍》《宁波刺绣的历史沿
革》等文章。作为金银彩绣第六代传人，许谨伦为弘扬民族文化和传承宁波
金银彩绣技艺，做出了应有的贡献（图 4-8）。

图4-8　许谨伦创新作品：海洋
（2021年1月11日摄于浙江纺织服装职业技术学院纺织学院）

二、金银彩绣省级代表性传承人

史翠珍，女，1950年5月生，宁波鄞州区下应人（图4-9）。16岁进入宁波绣品厂学习金银彩绣技法，从此与金银彩绣结下良缘。

1966年，史翠珍在老师傅方信李、林阿翠等的教授下，从斜针针法开始一针一线学起来，慢慢在虎头鞋上绣简单的花，以后开始正式参与制作产品，并在工作中学会了配色、打底花等工艺。1989年参加宁波绣品厂

图4-9　史翠珍

大型金银彩绣立屏《百鹤朝阳》的制作，该作品以其精美的设计和精湛的工艺赢得了一致称赞，并一举摘取第八届中国工艺美术百花奖珍品（国家金奖杯）。①

1995年，史翠珍同前宁波绣品厂员工沙金珠一起承包了该厂，继续从事金银彩绣的制作。

① 陆顺法，李双.宁波金银彩绣.杭州：浙江摄影出版社，2015：132.

史翠珍不仅自己绣得一手精美的金银彩绣作品，她还把自己的手艺传给他人，在宁波绣品厂期间，她带徒 100 多人。史翠珍一直默默地坚持金银彩绣制作，2009 年，她参与制作宁波金银彩绣有限公司组织的《甬城元宵图》。

即使现在，她仍在家绣金银彩绣作品。

第二节　宁波草编

一、概述

宁波草编历史悠久。目前可见的中国最早的草编遗物，距今已有 8000 年之久，是在宁波河姆渡文化井头山遗址中发掘的。宁波草席在唐代开元年间已销往国外，是海上丝绸之路的贸易品之一。宁波的草帽编织也有 200 多年的历史。

宁波草编地位独特。宁波草编是中国的风物特产、著名的工艺品之一。在《中国大百科全书 28 》（2009 年），《当代中国的工艺美术》（2009 年），以及《中国风物特产与饮食》（2000 年）中，"宁波草编"均名列其中。其中，宁波草席以其轻巧、舒适、美观、耐用等传统特点畅销国内外市场。1954 年，周恩来总理参加日内瓦会议时，还特地带了 40 条宁波草席馈赠国际友人，备受欢迎。而宁波的金丝草帽，洁白细软，编工精细，式样新颖，1915 年，宁波长河草帽在巴拿马万国出口展会上获奖。

宁波草编至今仍是宁波"历史经典产业"。宁波鄞州区被认定为"中国草编基地""中国草席之乡"；慈溪长河则是"草帽之乡"。在工业化发达的今天，草编作为一门传统手工艺，结合现代工艺仍能保留到现在，并蓬勃发展，这与它独特的文化、经济价值和艺术魅力是分不开的。绿色工业，时尚新宠。当下，随着田园风的流行和复古风的兴起，草编织物受到青睐，在服装家纺等行业，草编制品成为时尚元素，行业市场前景广阔。

宁波草编既是宁波特色文化资源，又是非物质文化遗产，"余姚草编技艺"已被列入浙江省非物质文化遗产名录。为保护这份遗产，宁波建有两座

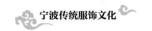

"草编"主题的博物馆——"慈溪市草编工艺品博物馆""鄞州黄古林草编博物馆"。

民国《鄞县通志》记载，妇女多习针黹、编草帽，间有"刷黄金"（锡箔上刷以黄水，名曰刷黄金）、织网巾者。

宁波西乡一带有《"十字"歌》：

一字写来像枚针，西乡做席顶有名，十天三市黄古林，花席双草还有白麻筋，卖掉钞票还好养小人。

二字写来下划长，做席生活辛苦猛，日里做席搓边生，夜里席筋打两棚。

三字写来三划清，阿姆妯娌加阿婶，一日起码做三顶，有空还好抱小人。

四字写来四角方，做凉帽生活真清爽，右脚搁在左脚上，还可嘻嘻哈哈聊天讲。

五字写来像大肚，做席实在太辛苦，霉时季节席烂腐，火红灶头会用完，还是做凉帽暂度度。

六字写来好比天，凉帽价钿会介贱，头颈贴子（套在凉帽颈部的布条）外塞边，卖掉钞票不够买买酱油盐，还是做席来爽气。

七字弯弯像秤钩，上手下手席机头，三翻矮凳加椰头，卷草浸草刨麻头，席草本钿还要来找凑。

八字写来两擘开，还是再做凉帽来，夏天秋天有人戴，冬天草帽看都没人看，总是做席心最安。

九字写来像鸟飞，背上席子赶市去，鸭头桥（桥名）头挨来又挨去（很拥挤），到底哪一户人家可卖好价钿。

十字个个都唱齐，阿拉西乡勿出西（既不离开本土，又无出头之日），一生做人苦到底，做别样生活心可死，还是做席度生计。

反映了西乡妇女编织草席、草帽的忙碌情形。

二、宁波草帽业发展

草帽业在宁波草编业中有着独特的地位，是宁波传统服饰文化的一个很重要的组成部分。

宁波草帽编织历史悠久，早在明、清时期，就已在一些区域的农村普及，成为当地妇女的一项重要手艺。

民国《鄞县通志》记载，唐代开元元年（713年）鄞西出产草席，远销各地，距今已有1300余年。至明代，鄞县农妇编成席草帽，取名"高旦"（仿照斗笠式样），供农民夏天遮阳之用。这是一种简易席草编品。

宁波草帽业的发展大致可分四个阶段。

1. 初兴至成业

这一阶段处于明、清时期，主要为席草帽阶段。

编草帽，俗称"打凉帽"。民国《鄞县通志》记载："自洋纱输入，家庭纺织破产以后，吾甬最普遍之妇女家庭工业厥维编帽与织席。""草帽业之兴迄今凡三十余年，妇女以编织为生者不下十万口，行商数十家，贩户三千余人，运销外洋值千余万元。"这些说明在清末，宁波的草帽编织已经十分兴盛。

这一时期草编原料多为就地取材的席草、早稻草和麦秆芯。用早稻草编织的有草鞋、草包等，用麦秆芯编织的有扇、帽等，草帽是传统产品。据《余姚六仓志》记载："草帽俗名凉帽，女工所制。曲塘、庙后桥、潮塘、长河市皆有凉帽，以长河市出品最盛。"当时有民谣"姚北三件宝，棉花、白盐、草凉帽"。

明、清之际，我国和欧洲的文化交往出现了前所未有的进展，形成了中西文化交流的第一次高潮。在这次交流中，天主教传教士尤其是耶稣会士充当了桥梁和纽带。

"19世纪60年代，法国天主教教士在浙江宁波传教时，发现当地农民多以席草编织草帽为副业，价廉物美，适合销售给各国平民，于是将这一情况告诉了法国永兴总行。永兴总行先派人到宁波收购几批分运欧美试销，效果极好，就于1896年分别在上海和宁波设立分行，宁波分行专管收购草帽，上海分行主办出口。草帽出口渠道一旦打开，吸引了大量妇女加入到编织女工的行列中。后来永兴洋行得知菲律宾有一种精制草帽出口，深受欧美上层人士欢迎，卖价很高，于是带领一批宁波编织女工到菲律宾学习，学成归来还带回编织原料———金丝草，初销时利润高达50%~100%。"[1]

---

① 陈晓燕. 近代江南农村工业化与妇女社会地位的变迁. 浙江学刊，2001（6）：159.

"约在 1888 年，永兴洋行曾派入在宁波天主堂内挂一招牌，收购草帽，实际上由永兴洋行买办出资经营，委人办理，自负盈亏。后来永兴洋行派一个法国人作为代表常驻宁波。"①

2."金丝"辉煌

第二阶段是从民国至新中国成立初期，这个阶段是以编织金丝草帽为典型的高峰时期（图 4-10、图 4-11）。

图4-10 编草帽的妇女（民国）
（哲夫.宁波旧影.宁波：宁波出版社，2004：160）

图4-11 1916年8月23日，演讲完后，孙中山在宁波，握一顶金丝草帽
（哲夫.宁波旧影.宁波：宁波出版社，2004：114）

民国初期，鄞县、余姚等地草帽编织所用材料主要是土产席草和黄草，品质粗劣，仅供本地农民使用，因此规模甚小。

随着国外草帽编织技术的传入，尤其是在国外麦秆草帽的冲击下，宁波地区的土产草帽逐渐遭到淘汰。

---

① 上海社会科学院经济研究所等，上海市国际贸易学会学术委员会.上海对外贸易（1840—1949）.上海：上海社会科学院出版社，1989：309.

"约在 1910 年，永兴洋行从菲律宾取得金丝草和麻草帽的帽样后，于 1914 年派法国人孟贡带了以王生娣为领班的宁波编织女工数人去菲律宾学习编织工艺。1917 年正式进口金丝草，及后又进口麻草，制成金丝帽和麻帽对外出口。"[①]

民国元年（1912 年）到 20 年代末，是宁波草帽业的全盛时期，从宁波海关输出的草帽占全国出口总数的绝大比重。为此，民国政府特于 1928 年将编织金丝草帽等作为浙江省的一项重要家庭工业，免征一切税厘，以示提倡鼓励。

"是年（1928 年）全县草帽编织户 2.5 万户，女工 7.2 万人，年产金丝草帽 120 万顶，玻璃草帽 4 万顶，席草帽 4 万顶，总产值 508 万元，大部运销海外。"[②]

民国 17 年（1928 年），宁波草帽业同业公会创立。

据 1938 年出版的《现代中国实业志》统计，20 世纪 30 年代，宁波城区有 10 余家草帽厂，见表 4-1。

表4-1　宁波草帽厂 [③]

厂名	厂址	成立时间	资本/元	每年产值/元
华孚帽厂	西门西城桥	民国13年（1924年）	5000	30000
联昌帽厂	西门法华庵	民国15年（1926年）	5000	23000
嘉泰帽厂	西门外廿九房	民国16年（1927年）	10000	35000
泰丰、帽厂	西门外法华庵	民国16年（1927年）	6000	45000
天隆帽厂	西门接官亭	民国15年（1926年）	10000	40000
坤和帽厂	西门宝面桥	民国15年（1926年）	10000	40000
甬丰帽厂	西门白龙王朝	民国16年（1927年）	5000	20000
源泰帽厂	西门望春桥	民国17年（1928年）	5000	22000
恒泰帽厂	西门新河桥	民国17年（1928年）	5000	17000
天森帽厂	西门西城桥	民国20年（1931年）	1000	12000

① 上海社会科学院经济研究所等，上海市国际贸易学会学术委员会. 上海对外贸易（1840—1949）. 上海：上海社会科学院出版社，1989：309.
② 余姚市地方志编纂委员会. 余姚市志. 杭州：浙江人民出版社，1993：21.
③ 杨大金. 现代中国实业志（上）. 北京：商务印书馆，1938：1019.

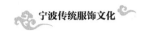

抗日战争期间，草帽原料金丝草遭产地国家菲律宾政府禁止出口，金丝草帽锐减，致使金丝草帽产销时断时续，甚至停顿，几陷金丝草帽编织业于绝境。席草帽虽又东山再起，但销路仅限于本地，产量很少。

民国 35 年（1946 年），菲律宾政府对金丝草出口禁令稍弛（草种仍严禁出口），那时有孙德友、冯积明等向菲律宾办到金丝草若干箱，于是余姚帽业复苏，因编帽工资仍低，生产不旺，年产仅七十多万顶。①

鄞县草帽商业同业公会事务所设于天德巷 4 号，《鄞县草帽商业同业公会章程》于 1946 年 4 月 6 日第一次会员代表大会通过。

"鄞县草帽商业同业公会"曾呈文《设法援助本业原料出产地菲律宾政府迅即解禁运华》，后经多次交涉，终于在 1946 年 12 月，使菲政府宣布暂准草帽原料出口。

1946 年，姚北商民设"草帽协进社"。

3. 曲折发展

新中国成立以后，医治战争创伤，恢复生产，使金丝草帽事业如沉疴复起（图 4–12）。

图4-12　新中国成立初期长河妇女缴金丝帽
（有这样一顶草帽，编织百年.浙江在线新闻网，2011-09-20）

1950 年 5 月，浙江省手工业改进所在城区设立办事处，经营金丝草帽。全县组织 1.4 万名妇女组成 1500 个会丝草帽编织小组。②

---

① 中国人民政治协商会议浙江省委员会文史资料研究会.浙江文史资料选辑（第 24 辑）.杭州：浙江人民出版社，1983：237.
② 余姚市地方志编纂委员会.余姚市志.杭州：浙江人民出版社，1993：336.

"解放初，金丝草帽生产由省乡村工业改进所余姚办事处管理，因编织户大多在姚北，于周巷、浒山设办事处分所。1950 年，全县有 1.4 万户编织户，1500 多个小组，外销 12 万余顶。后因朝鲜战争爆发，海口封锁，外销停止。"①

新中国成立之初，"余姚仍以金丝草帽为主要的外销手工艺品，县里成立了以知名民主人士姜枝先为主任的手工业改进所。"②

"解放以后，人民政府十分重视金丝草帽这一传统工艺品的生产。1950 年中国土产公司华东分公司成立了草帽出口联营处，在余姚建立了草编工艺改进所，组织技术人员下乡辅导编织技术，全县编织户很快发展到 1.4 万户，年产金丝草帽 70 万顶，成为全国草帽生产最多的一个县。1954 年，余姚和慈溪进行行政区划调整，金丝草帽编织中心地长河从余姚划到慈溪，余姚草帽加工厂一分为二，分别成立了余姚金丝草帽加工厂和慈溪草编工艺厂。"③

1955 年，"据有关部门统计，鄞县、慈溪、余姚三地共有金丝草帽编织户 59200 家，比新中国成立前增长 1.5 倍。慈溪县周行、浒山、泗门等区有 30 多个乡 2.29 万名农村妇女从事编织金丝草帽生产，1954 年至 1955 年 8 月，全县共生产金丝草帽 41.7 万多顶，陆续由外贸部门运销国外。"④

1954 年金丝帽编织的传统地区，如老市区、余姚、奉化、慈溪、鄞县分别建金丝草帽供销生产合作社，加工区设收购站 20 家，产金丝草帽 51.3 万顶（1954 年 10 月行政区域调整，原余姚长河划归慈溪）。

在一些非传统编织地区也纷纷组织金丝草帽的生产业务。

4. 新生与创新

改革开放后至今，宁波草帽编织获得新生。

党的十一届三中全会开启了改革开放的历史新时期，国家把工作重点转移到经济建设上来。特别是 1979 年 1 月 1 日中美正式建交后，"宁波草帽"又重入美国市场，由此外销。许多企业克服重重困难，开拓创新，草帽编织

① 余姚市地方志编纂委员会.余姚市志.杭州：浙江人民出版社，1993：336.
② 中国人民政治协商会议余姚市委员会文史资料委员会.余姚文史资料（第 8 辑）.1990：94.
③ 余姚市政协文史资料委员会.余姚文史丛书（第 2 册）.姚江风情.北京：中华书局，2001：169.
④ 宁波市对外贸易经济合作委员会.宁波市对外经济贸易志（638—1995）.宁波：宁波出版社，1997：189.

行业向工艺化和多样化发展，取得了划时代的飞跃。

（1）编织材料丰富。从单一的席草、金丝草发展到溪草、南特草、龙须草、玉米皮、麦秆草、狼牙草、纸草（日本进口）等20余种，甚至发展到棉、涤、丝绸等，特别是改以麦秆为原料编辫子的传统方法，发明了以布、线、纸编辫子的草编织法，大大拓展了草帽编织的空间，生产获得长足发展。当时金丝草原料短缺，县里划出7000多亩①海涂，种植咸草、黄草。1988年以后，又新创业了洁白、细嫩、软弱、牢固的纸草产品，外观、式样、耐用不雅于金丝草，这一新品种很快成为草帽行业的主力军。

（2）工艺技术提高。帽子的编织技艺从传统单一的手编帽发展到钩针、针织、机织、布毡、辫子帽等；从单丝、双丝编织发展到留空蕊、重叠蕊、辫编蕊等四大类3000多种品种样式；实现了由粗加工到精细加工的转变。尤其在长河，针织帽成为新技法，在草帽编织界引起较大反响。美国商人曾怀疑这些草制品帽并非工艺品，为此，美国客人曾专程来长河考察，这反而成了真正的促销手段。1991年，合盛帽业有限公司采用机器制作纸草，效率极大提高。销售手段和方法多样化，形成了广交会设摊、国内外设办事处、网上销售等多方位、现代化的销售网络，是长河草编史上的一个新的里程碑。

（3）规格品种增多。一是从单一草帽草编开出一片新天地。产品进一步发展到包括各种帽类、提篮、地毯、门帘、鞋子、玩具、用品、坤包、坐垫等10多个品种，3000多个式样，工艺精致，图案新颖，广受欢迎。咸草帽继金丝帽后在广交会上倍受外商青睐。草帽花样品种翻新，新开发咸草镂空花帽、麦秆伴花帽、麻质休闲帽、休闲磨边帽、拉菲草帽、冬季羊绒帽等。二是规格多样，图案多样。以金丝草帽为例，其基本式样有四种，即金丝两根芯帽、金丝对花根茎芯帽、金双丝帽和喇叭式帽（又称长头颈帽）。金丝草帽洁白细软，手感极好，加上编织精细，显得光亮秀丽。图案发展到有各种花卉、鸟兽等近2000种。

（4）形成品牌，形成规模。慈溪金丝草帽厂生产的"天坛牌"金丝草帽1981年和1985年两次荣获浙江省优质产品奖，1983年获经贸部优质产品

---

① 1亩≈666.67平方米。

奖 ①，1983 年发明的漂白工艺荣获轻工部"百花奖"。出口产品为"长城牌"金丝草帽。慈溪金丝草帽厂曾派代表出席全国工艺美术、艺人、创作设计人员代表大会，受到党和国家领导人的亲切接见，并合影留念。

改革开放政策给草编业发展带来了好机遇，各编织厂如雨后春笋般涌现。"慈溪金丝草帽厂有编织人员七八万人，花色达 1000 多种，年产值 1000 多万元。草编工艺对换取外汇，支援国家建设和广开就业门路、改善人民生活都起了积极的作用。" ②

1980 年后，其他原料制作的帽子风行，席草编制的草帽渐减。

1987 年出口金丝草帽 3.25 万顶，出口稻草芯、麦秆、龙须草、茅草、黄草、郝琊草、纸条等所编织的帽子 1000 万顶，外贸交货值 2000 余万元。

1988 年以后，又新创了洁白、细嫩、软弱、牢固的"纸草产品"，外观、式样、耐用不雅于金丝草，这一新品种很快成为草帽行业的主力军。

1989 年，出口草帽 1663.2 万顶，外贸交货值 6051.68 万元，其中金丝草帽 9.96 万顶，外贸交货值 265.34 万元。

1990 年，生产金丝草帽 4.32 万顶，各类工艺编织帽 1710 万顶。

1992 年，仅长河镇，全镇草编企业达百余家，有 7000 多户人家从事帽编，较有规模和影响的企业有 10 余家。以民间传统编（针）织业为主体，集工、商、贸为一体，跨地区、跨行业发展的现代化企业集团也应运而生。全年总产值 6000 多万元，出口创汇占 80% 以上，每个妇女年收入达 2000 元，占农家副业收入的 60%。是年，慈溪金丝草帽厂被授予出口创汇明星企业。

企业规模从传统密集型向集约化、现代化发展。1992 年，长河草帽业第一家引进外资的合资企业"宁波蓝天工艺品有限公司"成立。公司创办之初，属镇办企业，后更名为福苑联营厂，成为宁波市第一家出口企业，1991 年更名为"长河工艺美术品厂"。

现代化、集团化规模经营的大企业"宁波合盛工艺品有限公司"成立，其拥有自主出口权。公司自 1989 年 1 月成立伊始，逐步发展成为一家专营各类手编和机制工艺帽及袋的重点出口创汇企业，年销量 30 万打以上，在世界

① 地方国营慈溪金丝草帽厂和"天坛牌"金丝草帽.慈溪日报，2017-05-10.
② 浙江省工艺美术研究所.绚丽多彩的浙江工艺美术.北京：中国轻工业出版社，1986：87.

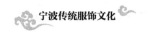

30多个国家和地区建立了稳定的市场。

在长河形成了具有规模较大、品位较高的草编企业群体："宁波合盛工艺品有限公司""宁波恰恰工艺品有限公司""宁波蓝天帽业有限公司""宁波维多利亚工艺品有限公司""宁波明发帽业有限公司"，等等。另有"永兴"等厂传承生产精选、精编、精加工的金丝草帽，"张鲁"等厂创新生产的机制辫子草帽，深受用户欢迎。

在21世纪之交，以长河为代表的草帽人开始第二次创业，工艺技术提高、编织原料丰富、品种增多，采用机器制帽，工效极大提高。

三、传统草帽编织工艺

1.原料与加工

适于草编的用草，要求草茎光滑，节少，质细而柔韧，有较强的拉力和耐折性；采割来的草料先要挑选，待梳理整齐，进行初加工后，方可编制。

草编制品生产工艺的关键是草编原料的好坏，这直接关系到产品质量，由于各种原料的性质与形态不同，处理的方法也有差别，运用处理技术，可生产各种草编制品。

（1）原料处理的一般过程

取材：选用一种草类。

去草窠：先把席草晒干，然后把草窠去掉。

分草：把草分成似手指粗的一绺绺。

净草：用清水漂洗干净。

软草：浸过水的草放在阳光下曝晒让其软化。

（2）不同种类的原料处理（以三个品种为例）

①金丝草的处理。金丝草帽的用料最为考究。金丝草并不是草本植物，而是南洋群岛热带森林中的一种树木。树木砍伐下来后，先在水中进行浸泡，待表皮和肉质茎腐烂后，再清洗去除表皮和肉质，就得到纤维状的丝，有点像本地的剑麻。因为这种原料颜色如同白金，形状又十分像草，所以俗称为"金丝草"。

②马兰草的处理。马兰草又叫马莲、马兰、黄草、席草、三角草，把它

浸在水中 10 分钟后捞起，放阴凉处 30 分钟，待草质柔软后用金属指甲套按草的三角形分劈为三，即可作为纬草。用纬草搓成细绳即可用作经草，并可根据编织的需要加以染色。[①]

③麦秆的处理。选择细长白净的麦秆全草，自上端第一节草茎处剪下，脱去秆裤，凡有黑斑或红色、绿色以及发霉变质的都不能用。择好的麦秆经过水浸泡软了才能用于掐草辫，并按当天掐辫需要多少就泡多少。泡秆要达到软柔发光，泡的时间不超过 1 小时，掐编成草辫后将水去净，用布裹起来，保持两头透气。[②]

2. 金丝草帽编织工艺流程

编织金丝草帽要经过拣草、缚草、起顶、编帽、剪帽、洗帽、涮帽、漂洗、晒帽、磨帽、烫帽、翻光帽、装帽等多道程序。

①拣草、理草、发草（图 4-13）。

图4-13　拣草（慈溪草编工艺博物馆）

②编帽坯。

③剪边。剪去帽坯边缘的余草。

④洗帽。放入漂白粉溶液里浸泡，约 15 个小时后取出。

⑤漂洗。用清水漂洗干净，早先一般在附近河埠洗。

⑥晒帽。放在阳光下曝晒（图 4-14）。

①② 丁湖广. 草编制品的工艺. 农业工程实用技术，1985（2）：14.

图4-14　晒帽（慈溪草编博物馆）

⑦摩帽。干后用光滑如卵的石块摩擦。

⑧烫帽、精烫。用熨斗烫平帽，一顶漂亮的金丝帽就编织完成了。金丝草帽洁白细软，手感极好，加上编织精细，使草帽显得光亮秀丽，雍容华贵。

⑨装箱出运。

3. 当代工艺草帽生产的一般流程 ①

（1）设计款式

宁波舜广工艺美术品有限公司常年聘请国外设计师，慈溪蓝天帽业公司则以公司自有设计力量为主，根据当年、当季流行趋势进行设计。

（2）编织户编织

按设计要求，派发编织户编织（以慈溪一带以及省外山东、四川等地为主）。

（3）收购

按不同规格、颜色、编织花纹进行定价，收购帽坯。慈溪蓝天帽业公司主要从四川自贡、绵阳，山东临沂一带通过集体供销社收购。

（4）蒸汽定型

根据设计和订单要求，选择不同的帽子模型，对帽坯进行蒸汽定型。

（5）修剪

整顶帽子做完，对毛边、线头等进行修剪（图4-15）。

---

① 以宁波舜广工艺美术品有限公司、慈溪蓝天帽业公司为例。

图4-15　宁波舜广工艺美术品有限公司修剪车间

（6）检验

"查漏补缺"，检验把关，把控质量（图4-16）。

图4-16　宁波舜广工艺美术品有限公司检验车间

（7）加防汗条

考虑吸汗的需要，选择棉质面料制作，用缝纫机进行缝合。

（8）缀装饰

根据设计要求，配饰品。

（9）成品包装、装箱

成品包装、装箱，便于发货。

四、宁波草帽的国外影响

1. 宁波草帽出口沿革

鸦片战争后，1842年，《南京条约》签订，1844年，宁波被开辟为五个通商口岸之一。

从同治晚期开始，宁波编织的草帽大量出口。浙海关税务司裴式楷说："宁波之手编草帽是项很有外销前途之产品，行销美国、新加坡、澳洲等地，颇受欢迎。想一想草帽只卖两分零些钱，简直与赠送一样哩，怎么不吸引买主呢？"[①]"本地出口之草帽系由妇孺在农村之副业产品，按质分为三种，第一种独根草编成，第二种则用两根草编成，第三种则用三根编成。"[②]"是项手工产品，绝大部分由夹板船先运往上海以后，远涉重洋运往美国加利福尼亚州、纽约以及英国之伦敦。这项产品，价廉物美，前途无量。"[③]

浙海关税务司呈报的《光绪三十三年（1907年）宁波口华洋贸易情形论略》称："年内宁波草帽在法国、美国市场上相当走俏，外销价值计达关平银7万两，这些都经由上海转口直接外运者也。"[④]

继席草帽后，以金丝草帽的出口为大宗。1919年，法商永兴洋行派宁波女工干秀清、徐小兰两人去菲律宾学习编织金丝草帽及麻帽，回来招工传技，同时从菲律宾输入金丝草，于1920年开展金丝草帽出口业务。[⑤]

于是金丝草帽编织在全市各地陆续推开。

图4-17描绘了百年前的老宁波金丝草帽的编织场景。

"当时，编织金丝草帽的地区有：鄞县的望春桥、高桥、集士港、凤岙、卖石桥、黄古林等地；余姚有长河市、悦来市、道路头、坎墩、商王、潮塘、历山、低塘、周巷、泗门、郑巷、小安、庵东镇等地（注：因1954年行政区划变动，长河今属慈溪），编帽女工达3万余人。1927年外销金丝草帽130万顶"。[⑥]

---

①②③④ 中华人民共和国杭州海关. 近代浙江通商口岸经济社会概况：浙海关、瓯海关、杭州关贸易报告集成. 杭州：浙江人民出版社，2002：164，158，323.

⑤⑥ 戴尧宏. 宁波金丝草帽出口史话，浙江工商，1989（11）：32.

图4-17 百年前的老宁波·编织金丝草帽（宁波晚报，2013-07-28）

这是一张在国外实寄的明信片。画面下的文字 OLIVIER & Cie-NINGPO，意即宁波法商永兴洋行。

"草帽业在 1927 年最盛，全年出口总额 490 万顶。"[1] 余姚一地，"民国 17 年（1928 年）余姚草帽编织户 2.5 万户，女工 7.2 万人，年产金丝草帽 120 万顶，玻璃草帽 4 万顶，席草帽 4 万顶，产值 508 万元。金丝、玻璃草帽由美、英、法等商行收购外销，民国 23 年（1934 年）出口 210 万顶。"[2]

因为草帽出口的繁盛，除了各国在华设立的洋行外，还先后出现了经营草帽业务的"帽贩""帽行"和直接经营草帽出口的"华商西洋庄"（通商口岸经营进出口商品的华商，因其经营西洋贸易，被贸易界称为西洋庄）。

法商永兴洋行最早经营金丝草帽的出口业务。上海洋行中从事草帽出口最为著名者有英商安利洋行、信记有限公司，德商鲁麟洋行、捷利洋行，法商茂孚洋行、永兴洋行等。它们在宁波一般都设有代理机构。[3]

帽贩就是向农村编户收购草帽售与洋行的一种商贩。"据说 1910 年与宁波永兴洋行往来的帽贩就有 100 余人。"[4]

当时永兴洋行为了便于控制，把宁波帽贩分帮组织起来。"南门帮帽贩以周裕生为首，西门外帮以徐茂发为首，各组织 20 人左右，进行金丝草发料收

---

① 李政 . 解放前宁波市商业概况 . 宁波文史资料（第 2 辑）: 48.

② 余姚市地方志编纂委员会 . 余姚市志 . 杭州：浙江人民出版社，1993 : 336.

③ 竺菊英 . 近代宁波的资本主义工业 . 浙江学刊，1995（1）: 45.

④ 上海社会科学院经济研究所等 . 上海对外贸易（1840—1949）. 上海：上海社会科学院出版社，1989 : 311，312，314.

帽。高桥帮以陆安宁为首，约 20 人，山里帮（山区）以孙溪山为首，约二三人，均以麻草帽为主。"①

当 1929—1930 年，金丝帽、麻帽国外销路扩大，外商需货殷急时，三地帽贩纷纷把草帽带到上海，直接售与外商洋行。往来上海、海门、宁波的船上到处可以看到帽贩。当时上海福州路神州旅馆住的几乎都是这些帽贩。②

帽行是随着草帽出口贸易的发展而逐步形成的，是从产地收购草帽售与上海洋行出口的洋庄行栈。"何天生，英商泰隆洋行买办，是最早在上海经营宁波席草编织品的商人。"③

随着金丝草帽和麻帽出口贸易的扩大，帽行也日益发展，它们主要有三个来源：一种是原来经营席草帽的帽行扩大到经营金丝帽和麻帽，另一种是由宁波的大帽贩转变而来的帽行，还有一种是由宁波永兴洋行职员脱离永兴后自己开设的帽行。"这些帽行直接与上海洋行发生联系，使草帽的商业路线发生变化。上海逐步代替宁波成为草帽销售的主要市场。"④ 具体如表 4-2 所示。

表4-2　宁波商人在上海设立的帽行代理处⑤

行名	宁波所在地	代理人	上海代理处
源丰	鄞西白龙王庙	缪绵发	五马路衍记洋行
坤和	鄞西卖面桥	傅其霖	华安保险公司
三泰	鄞西宝家桥	杨文林	南香粉弄隆和号
大隆	鄞县西门外	郭惠川	三马路兆福里郭惠记
顺余	鄞西望春桥	陈安州	三洋泾桥长源洋货号
恒泰	鄞西朱园	朱宝星	自来水桥下恒泰申庄
源泰	鄞西望春桥	杨文林	同上
嘉泰	鄞县西门外	杨文林	同上
泰丰	鄞西望春桥	郭惠川	同上
中兴	鄞西西门外	张贵仁	北山西路顺庆里华兴公司
新昌	鄞县西门外	汪炳炎	北京路新昌申庄

①②④　上海社会科学院经济研究所等.上海对外贸易(1840—1949).上海：上海社会科学院出版社，1989：311，312，314.
③　宁波市政协文史委员会.上海买办中的宁波帮.北京：中国文史出版社，2009：270.
⑤　宁波市政协文史委，政协鄞州区委员会.鄞县籍宁波帮人士.北京：中国文史出版社，2006：15.

续　表

行名	宁波所在地	代理人	上海代理处
华兴	鄞西横街头	韩国甫	北山西路顺庆里华兴公司
天隆	鄞县西门外	冯积明	石路口晋恒里天隆申庄

后来在上海的外商也竞相开设草帽行，有法商的"立兴泽行"、德商的"礼和净行"、英商的"怡和洋行"、丹麦商的"百多洋行"、瑞士商的"商礼惠洋行"和"益昌洋行"等10多家。[①]

在上海从事草帽出口的华商西洋庄从1914年开始经营，到1930年已经初具规模。以草帽出口为专业的有10户，代表性的华商出口行均由宁波人投资。

20世纪50年代，宁波金丝草帽在国际市场上重树声誉。

党的十一届三中全会以后，草帽外销又逐渐扩大。1979年，中美正式建交，这为工艺精良的金丝草帽、麻草帽扩大出口量创造了良好的条件。1983年全省麻帽、维司卡帽和纸草帽的总出口量将近30万打。

1984年，浙江出口的金丝草帽（包括纸草帽）大增，长年积压的陈货经加工后也一扫而空，迎来新的"后金丝草帽时期"。1984年，仅国营慈溪县草帽厂出口就有40多万打，创汇400万美元。1989年，国营慈溪金丝草帽厂产品销售额仍完成年计划的190.77%；年创汇1440万元，完成年计划的160%；给国家总计创利税202万元，完成年计划的218.47%。[②]

民国4年（1915年），长河土产草帽在巴拿马万国博览会展出，获三等奖（图4-18）。

图4-18　巴拿马万国博览会中国馆正门牌楼

①② 戴尧宏.宁波金丝草帽出口史话.浙江工商，1989（11）：32.

第一节　宁波服装博物馆:"红帮文化长廊"

一、概述

宁波服装博物馆始建于 1998 年,最初馆舍设在宁波轻纺城,是我国第一家服装专题博物馆,后于 2000 年迁入风景秀丽的月湖景区宝奎巷宅院。2009 年 10 月 23 日宁波服装博物馆新馆正式落户鄞州中心区下应街道湾底村。新博物馆馆舍是一座"人"字形建筑,大坡屋顶,两重坡顶组合。建筑面积 2752 平方米,两层,总高 14 米。鄞州区人民政府投资 1200 多万元(图 5-1)。

图5-1　宁波服装博物馆外景

博物馆设立五个展厅,分别是中国近现代服装变革、红帮裁缝创业史、中国少数民族服装、宁波服装与国际交流四个陈列厅以及一个临时展览厅。

陈列展示以实物与图片相结合的形式,采用历史场景复原、现场量体裁衣、电子影像、电子触摸屏等多种展示方式，全面介绍了清末民初以来中国近现代服装的演变，以及在此历史背景下，宁波红帮裁缝近200年可歌可泣的创业历史和红帮裁缝对中国近现代服饰发展的贡献。另辟有展示红帮裁缝工艺流程和技艺的红帮工艺流程厅。

　　"红帮裁缝创业史"史料展示是宁波服装博物馆的展示重点，位于博物馆第二展厅。该展厅高耸恢宏，展示脉络清晰。首先展示的是清代慈溪（今慈城）裁缝在京城制作官服和便服的成衣铺，紧接着主题转向红帮裁缝从奉化江畔出发，在日本起源、上海成名，扩展到各个开埠城市的全过程。为此设计了5个历史场景——师徒学艺、红帮崛起、制作中山装、兴办西服学校和声援"五卅"斗争。每个场景的人物刻画、室内陈设、历史背景，都几经推敲，细致入微。揭示了红帮老一辈艰苦卓绝的奋斗史，诠释了身处旧社会底层的小人物发奋图强、改变命运和他们挽回利权、提倡国货的强烈爱国主义精神。在100多年的奋斗史中，红帮名店、名师、名品层出不穷，业绩突出（图5-2）。的确，红帮裁缝从20世纪初为孙中山先生制作中山装起，到20世纪50年代起为中央领导人制装，那一项项光辉业绩令人钦佩（图5-3至图5-5）。

图5-2　"红帮裁缝创业史"史料展示

　　建馆20多年以来，宁波服装博物馆藏品从零起步，逐步收集，博物馆已拥有藏品5300余件，其中包括300多件珍贵文物，并被省、市、区授予爱国主义教育基地。

图5-3　红帮裁缝为毛泽东主席制作的中山服
（宁波服装博物馆）

图5-4　改良旗袍
　　红帮裁缝中的一部分，以做"改良旗袍"见长。这是刊登在 1930 年《中国大观图画年鉴》中的广告。

图5-5　培罗蒙黑呢夹皮毛大衣
（宁波服装博物馆）

原馆长陈万丰表示，博物馆藏品中的 2/3 来自社会各界的捐赠，有了这些不计名利的热心人的帮助，博物馆才会越办越好，藏品才能更加丰富，所体现的人文精神才能更好地发扬光大，才能让百姓了解红帮裁缝在中国服装史上的地位，力争打造成为中国最好的服装博物馆（图 5-6、图 5-7）。

图5-6　红帮裁缝后代捐赠的奖状（宁波服装博物馆）

红帮裁缝后代陈家宁捐赠的奖状上写着：学生陈荣华……在本校第七届考试成绩优良，特给此状，以示奖励。落款是上海市西服业专门学校（隶属于上海裁剪学院）。

图5-7　市民捐赠的小熨斗（宁波服装博物馆）

这柄小巧精致的小烙铁是专门挂在以前的煤油灯上，特别适宜熨烫领口、袖口等细小的褶皱，充分体现了红帮裁缝的智慧，是难得一见的珍贵实物，对研究红帮裁缝的发展有很大的意义。

宁波服装博物馆建设的 20 多年，是调查研究红帮裁缝的 20 多年。尤其是初创期前两三年的工作尤为可贵，诚如宁波服装博物馆第一任馆长陈万丰

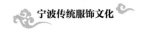

老先生所说，这20多年，"有8个重大发现。一是发现了鄞县茅山孙张漕张氏到日本横滨开设西服店的史料，证实该村是红帮的一个起源地；二是发现了1948年由宁波红帮为主组建的上海西服商业同业公会创办的西服工艺职业学校；三是发现了新中国成立前宁波人在上海开办的20多家纺织厂及使用的注册商标；四是发现了红帮先辈在东南亚留下的足迹；五是发现了红帮为中国革命做出的贡献，如上海益友社、华商被服厂和宁波新四军被服厂；六是发现了国内外第一个用函数关系计算袖系增值理论的红帮裁缝；七是发现了中国早期的燕尾服出自红帮裁缝之手；八是发现了国内第一本为中央领导人制装的记录本。点点滴滴充分肯定了红帮在中国近现代服装变革中的窗口作用及示范意义。"

二、成果

20多年来，宁波服装博物馆与浙江纺织服装职业技术学院长期开展合作，研究成果丰富，已出版的红帮研究著作包括如下方面。

1.《红帮服装史》

为挖掘、弘扬红帮精神，作者季学源、陈万丰做了大量的调查研究工作，通过访问散居在全国各地的100多位红帮老人，从各种档案中细致寻找散存资料，最终汇聚成书。该著作以翔实的史料，记述了红帮自19世纪初至今的发展源流，确立了红帮在中国服装史上的重要地位，内容分为红帮发轫期、红帮创业期、红帮拓展期、红帮多元发展期四大部分，回顾了红帮产生、发展、壮大的历程，系统、全面地展现了热爱祖国、开拓创新、诚信重诺的红帮精神。

该著作于2003年由宁波出版社出版，为进一步研究和弘扬红帮精神，为宁波和中国服装业在当代的发展，打下了重要的学术基础。

2.《中国红帮裁缝发展史（上海卷）》

作者陈万丰本着尊重历史、尊重事实，让事实证明历史，用历史解读红帮的态度，不以推理代替事实，一切结论产生于调研。作者治学严谨，讲究"原汁原味"，富有社会责任感，从对"热水里捞针、牛皮上拔针"的解读中，归结了当年上海滩宁波红帮裁缝苦练基本功的艰苦历程和勇于进取的红帮精神——

速度和力度、事业观及成就观；罗列了红帮裁缝在创业长河中富有代表性的名店、名师。图文并茂，也是该著作的一大特色。该著作于 2008 年由东华大学出版社出版。

3.《红帮裁缝评传》

这是一部评述红帮裁缝创业史的专门史著作。

该著作进一步发掘了红帮史料，对红帮名称的内涵和外延，红帮的源头与红帮产生的背景、发展历程、历史贡献和红帮精神等方面重新做了分析，为我国服装事业的现代化发展提供了一份历史经验和精神动力。

该著作由"红帮发展史纲要"和"红帮名人名店"两大板块组成，两大版块相互照应、相辅相成，从宏观和微观两方面深化红帮研究。

该著作由季学源、竺小恩、冯盈之主编。2011 年由浙江大学出版社出版。两年后入选国务院新闻办"中国之窗"对外推荐书目，成为我国对外文化交流的图书之一。为扩大影响力，2014 年出版了增订本。

4.《季学源红帮文化研究文存》

该著作选辑了季学源先生 20 篇红帮文化研究文章。前期代表作有《红帮产生和发展的历史机缘》《红帮精神论略》《红帮历史贡献举要》等。这些文章从不同层面、不同角度对红帮做了比较全面的研究：有梳理分析红帮产生和发展的历史的，有阐述红帮育人的职业教育的，有探讨红帮科研之路的，有提炼、概括红帮精神的。后期代表作有《服装学专家包昌法评传》《孙中山服饰大变革的思想、理论与实践》《纪念红帮宗师顾天云先生》《张尚义裁缝家族新考》等。这些文章的共同特点是以点带面，以个人见全体。读者可以从包昌法身上感受到红帮先辈刻苦的科研精神，可以从孙中山服饰变革的思想、理论与实践中体会到近现代中国民主革命家对服饰改革的重视。《张尚义裁缝家族新考》颠覆性地否定了《红帮服装史》一书中提出的张尚义到横滨开创西服业之论，这种实事求是的科学研究态度，带给后来研究者的不仅仅是一种教诲，更是一种鼓励和鞭策。

该著作由浙江纺织服装职业技术学院学报编辑部编辑整理，2013 年由浙江大学出版社出版。

5.《红帮研究索引》

这是国内第一本红帮研究类索引词典。

全书共22万字，收录与红帮有关的图文检索词条2300多个，分人物、商铺、组织、书籍、文章、术语、其他等七大类，其中收录红帮人物1300余位。

该著作是调查、研究红帮必备的重要参考书，为服装界、史学界、新闻界、服装院校以及一切关心红帮与研究红帮的各方面人士深入考察红帮提供了线索，也为红帮研究拓展了广阔的空间，对红帮调查与研究具有承前启后的意义。

该著作由王以林、李本侹编著，2016年由宁波出版社出版。

6.《霓裳之真——宁波服装博物馆馆藏文物探识》

在深入研究的基础上，宁波服装博物馆突破博物馆藏品集通常以图为主的模式，以一件文物配发一篇解读文字模式，介绍了宁波服装博物馆的馆藏中具有代表性的重要文物70件（套），以及这些藏品背后的故事。全书以图文并茂的形式，对每件藏品及其文物价值、历史背景进行介绍、阐析，试图揭示、挖掘藏品背后的故事，将这些宝贵的财富以多样的形式呈现给社会，让读者从另一个角度了解宁波服装博物馆，了解具有宁波服装博物馆特色的珍贵藏品。

该著作由李本侹主编，2017年由宁波出版社出版。

第二节　宁海"十里红妆"博物馆：浙东风情画廊

宁海"十里红妆"博物馆是一家展示古代女子生活的专题博物馆，创建于2003年9月，2004年5月正式对外开放。现址位于宁海城关徐霞客大道。宁海"十里红妆"博物馆是由政府提供馆舍，民间收藏家何晓道先生提供展品的国助民办博物馆（图5-8）。

图5-8　宁海"十里红妆"博物馆

　　宁海"十里红妆"博物馆以国家级非物质文化遗产"十里红妆婚俗"为主题，设置"百世流芳·红妆""十里迎亲·婚嫁""洞房花烛·红鸾""衣香鬓影·红妆""千年情缘·卧榻""鎏金溢彩·妆奁"等六大主题展厅，以及"缑乡传承·非遗""匠心工艺·坐具""文创展厅"等三个临展厅。通过藏品展示、图文介绍、现场解说、多媒体数字化技术等表现手法，全方位再现了浙东地区特有的婚嫁习俗和地方文化。

一、"十里红妆"

　　"十里红妆"的盛行，和浙东地区的物质文化背景是分不开的。明、清以来，由于经济发达，浙东地区重嫁奁，婚俗奢靡。一方面是炫耀娘家的财力，另一方面是希望女儿在夫家具有一定的地位。因此，富庶人家嫁女，不惜财力，婚嫁攀比之风趋盛。

　　宁波儿歌唱道：

> 新娘花轿八人抬，
> 十里红妆嫁过来。
> 红漆箱笼十八只，
> 大橱小桶放光彩。

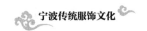
"十里红妆"包括器具系列和女红系列。"十里红妆"中的女子手工制作称"女红",是纺纱、织带、绣衣等针线手工的概称。出嫁前的女子,在娘家的闺房里,从小就开始学习女红,"十三能织素,十四学裁衣"。谈婚论嫁时,男家凭媒人传送过来的"女红"作品评定女方是否心灵、手巧、娴静,是决定亲事的重要信物。女子出嫁时,红妆的箱柜内都装满了服饰,包括丈夫的服饰和公婆的服饰。优秀的女红会在四乡八村传颂,让婆家感到荣耀。

宁海歌谣《红绣袄》唱道:

> 自幼学就手上技,针针线线有姿势。
>
> 谈龙就刺龙入海,说凤就绣凤栖巢。
>
> 更出手绣将相袄,红黄朱紫搭配调。

女子会用几年的时间准备婚后一生的服装和内房布饰,包括未来丈夫和小孩的衣服物品。待嫁的女儿除了协助父母置办妆品外,还有许多女红要做。若平时娇惯不精手工的话,得赶紧补上,否则以后到了婆家被人看出,自然就成不了贤妻良母。

二、"十里红妆"馆藏肚兜文化

"十里红妆"馆藏肚兜展示了浙东民间女子内衣文化。

关于内衣的起源,闻一多先生说得脆快:"衣服始于蔽前,名曰蔽之,实乃彰之。"大意是:这种东西,最初由女人们佩在腹前,倒并不是起遮蔽的作用;相反,恰恰是为了让胸腹的特征更明显,引人注意。《说文》则说:"衷,里亵衣。"段玉裁注:"亵衣有在外者,衷则在内者也。"如:衷衣(里衣,内衣);衷服(贴身内衣)。

从现有资料来看,为女内衣命名始自汉朝。汉朝:抱腹和心衣;两晋南北朝:裆;唐朝:内中或诃子;宋朝:抹肚;元朝:抹胸、合欢襟;明朝:主腰、襕裙;清朝:肚兜;近代:小马甲、背心。各朝代的女内衣可能还有更多的别名。这里应说明的是,汉朝以前没有女内衣专用名词,不等于无内衣。《论语·乡党》里说"红、紫不以为亵服",亵服就是指内衣裳。所以,古代又有称内衣为亵衣的。

中国古代女子内衣包含的"因人定制""因题定性""因俗定款"等一系列制式特征中，充分体现了中国古代女子内衣文化的深邃广奥。它从外形设计到具体的某一细节，均明晰地折射着当时的社会文化与表现。

宁海"十里红妆"博物馆馆内收藏有600余件肚兜。它们是浙东民间女子内衣文化的具体展示。那塑身修形的造型理念、大俗大雅的配色处理、无限寄寓的图腾纹饰、独具创造性的技艺手段，无一不吐露出浙东女子对生活价值理念、审美情趣、情感寄托、情爱传感等诉求的心声。

三、馆藏肚兜纹样内涵

妇女们在肚兜上凭借手工刺绣艺术语言，并结合大自然的动植物祥瑞的内涵，拼织出了一幅幅精美的图案，织出她们的思想和情感。这些内涵意义的表达，没有简单的说教和直白的提醒，而是寓教于乐，寓情于景之中，把中国传统文化，用一种无声的语言传递给人们，并深深地扎根于人们的思想之中。

1. 崇拜大海（自然）的思想观念

人类对自然的崇拜一直影响着服饰图案的发展，如海水江崖纹饰的衣服，海水和潮有关，"潮"又与"朝"谐音，而江崖又有坚实稳固之意，所以统治者用这种图案装点在服饰上来寓意江山稳固，一统天下。

浙东沿海地区则对大海表达了无限的敬畏。据考证，葫芦在古代不仅是最原始的载人渡水工具，能泛水而永不下沉，而且还是多子、多福的象征，为此，具有一种神灵性的乞吉、辟邪的功能。在我国古神话中，有在洪水泛滥年代葫芦救人的故事。而上述这些恰恰与海岛渔民的生存环境和劳作方式有关；为此，渔家女把它绣在肚兜上以表达她们对平安和丰收的祈祷与企盼。海岛人所绣的图案往往与大海和鱼文化有关联，更具海洋特色和装饰美，如兜内的图案是"双鱼戏水"。

2. 喜庆婚姻的思想观念

妇女常以刺绣花纹表现他们对幸福和爱情的美好憧憬。蝶恋花就是一种常用图案，这样的题材还有连理枝、比翼鸟、喜鹊登梅等。这些图纹的应用，暗喻了男女青年的爱情。而海岛新娘，肚兜上绣的是比目鱼，意为"比目鱼儿双双游"，夫妻恩爱和谐相亲。

绣给情人的肚兜多以戏曲、神话、传说中之爱情故事为题材以示意（图5-9）。

图5-9　"彭祖同庚"肚兜（宁海"十里红妆"博物馆）

3. 道德教育的思想观念

肚兜上绣"修身积德"四个字，并在图案中反映道德及文化教育的内容，是进行审美和民风、民俗培养的教具。同类还有绣"先正其心""正心修身""虚怀若竹"等字样的肚兜（图5-10）。尤其体现在儿童肚兜上，儿童是生命延续的象征，寄托着人们对未来的希望，通过图纹传递文化信息，伴随着孩子健康成长。

图5-10　肚兜上绣"修身积德""富贵吉祥"（宁海"十里红妆"博物馆）

4. 生命信仰的思想观念

中国民间对于子孙繁衍，家族兴旺，乃是一生所追求的目标，在不断的繁衍和兴旺中追求生命的充实、强盛、无限和永存。服饰当中的莲生贵子、石榴多子、葫芦生子题材就是如此（图5-11、图5-12）。

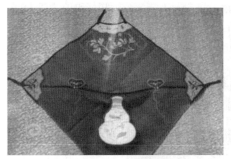 

图5-11　肚兜上贴"葫芦"绣片　　　　　图5-12　"鱼戏莲"肚兜
（宁海"十里红妆"博物馆）　　　　　（宁海"十里红妆"博物馆）

5. 镇妖辟邪的思想观念

将虎、蝎、蛇、壁虎等图案绣在兜肚上护身驱邪，以祈平安。在民间百姓的思想当中，消除病灾瘟疫、追求安康生活是通往理想生活的永恒主题。较常见的有"阴阳八卦"肚兜等（图5-13）。

图5-13　刺绣"八卦"肚兜（宁海"十里红妆"博物馆）

四、馆藏肚兜艺术

1. 肚兜造型

肚兜的造型，有"前后覆绕式"与"前胸单片式"两种，分别来"覆盖胸背"和"覆盖胸乳"。从目前的研究来看，结构上只是一块平直的布披系在人身上，款式有长方形、菱形等，这些不同的几何形态使身体达到与社会表情、与人生价值的交相辉映。

2. 肚兜材质、用色

肚兜的材质、用色与穿着者的年龄、身份地位、经济能力和地方习俗文化也有着紧密的关联。肚兜的布料以土布居多，中青年用花布做，用红绒线和银链条将肚兜系在颈上，垂于胸前。

喜事喜用红彩；老人崇尚朴素，故多采用黑色；年轻人或中年妇女会挑选各种不同的颜色。而以白、蓝色为基调，则显得简雅素净（图5-14）。

图5-14　"以保其心"肚兜（宁海"十里红妆"博物馆）

3. 肚兜工艺

肚兜工艺以刺绣为主，也有贴补花纹的；包括缝、绣、剪裁、造型及色彩构成，所以肚兜工艺属于民间妇女艺术中的综合表现。

刺绣图案讲究对称与均衡的形式美：对称与均衡在图案中应用得比较广泛。按照美学原理，这种形式符合人们对美的追求，符合人们的向心意志，在心理平衡的基础之上，创作出左右两边对称或以一点为中心向外延伸的对称与均衡。

4. 整体风格

整体风格含羞而内敛，肚兜是浙东平民女子的内衣，女性私密空间的悄悄话，透露着浙东女子的审美情趣和情感寄托。

第三节　宁波"民和文化艺术中心"：宫廷服饰收藏家

宁波"民和文化艺术中心"收藏了一百余件清朝宫廷服饰，其中以龙袍（吉服）的数量为最多。虽然中心收藏的宫廷服饰数量有限，远不足以反映清代织造技艺水平的全貌，但以微见著，它们在很大程度上显示出清代织造绚丽多彩和技艺高超的一面，同时也是中国数千年服饰文化辉煌灿烂的一个缩影。

中国古代宫廷服饰包括清代宫廷服饰在内，最具有表现魅力的是制作服饰的丝绸。丝绸自古即以其优良的服用性能和华丽的装饰效果而备受人们的青睐。中国古代帝王无不以其为奢侈生活的珍贵之物。大量的田野考古资料已证明，中国是丝绸的发源地，它与具有五千年岁月的中国古代文明几乎同时产生并同步发展。公元前5世纪，中国丝绸已开始远播海外。到汉、唐时期，举世闻名的丝绸之路将中国丝绸源源不断地传到了世界各地。它犹如一条蜿蜒万里的绚丽丝带，把欧亚大陆和东西方文明紧紧地联系起来，促进了东西方政治、经济和文化的广泛交流，对人类的进步和繁荣做出了巨大贡献。因此，丝绸也赢得了中国古代第五大发明的美誉。

清代是中国最后一个封建王朝，经济和文化也达到相对繁荣的阶段。当时宫廷服饰所用的丝绸面料几乎都来自于江南的南京、苏州和杭州三处皇家御用的织造机构。这些机构的产品主要用于满足封建统治者豪华奢侈生活的需要，在制作上不惜工本，极力追求珍贵奢华和丰富多样，因此无论是工艺质量，还是花色品种都代表了清代织造技艺的最高水平。

在中国古代，服饰是礼乐文明的一个重要组成部分，服饰穿着有严格的制度化规定，处处体现着社会成员之间的等级和身份的尊卑贵贱，各代统治者也以此作为维护社会统治秩序的重要辅助手段。

清代宫廷服饰遵循自古的法则，制度极其繁复而森严。服饰的用料、款式、色彩、纹饰等诸多方面都有严格的规定，在工艺制作上遵循维精至美的原则，因此，清代的宫廷服饰显示出威严而又华贵的独特风格。

用料多选用单色织花或提花的绸、缎、纱、锦等质地。无论是织花、提花，多采用象征吉祥富贵的纹样。如团龙、团寿、团鹤，寓意"幸福""长

寿"；蝙蝠、团寿字、盘肠、绶带纹样，寓"福寿绵长"，因蝙蝠的"蝠"谐音"福"、盘肠的"肠"谐"长"、"绶"与"寿"同音。再如，用"卍"（万）字或万年青花与灵芝头组成的纹样称"万事如意"；葫芦颈上系彩带，与"卍"字合称"子孙万代"文饰，因葫芦是爬蔓植物，连续结果，有连绵不断繁衍子孙的意思。

清代皇帝的衣料由内务府广储司拟定式样、颜色及应用数目奏准，对缎匹长阔尺寸、质地、花样、色泽都有明确的规定。如史料中的"敕谕"多次记载要求官局所织缎匹"务要经纬均匀，阔长合适，花样精巧，色泽鲜明"，如质量不合格，需补赔、罚奉或受鞭责。内务府画师设计画样格外精心，发往江宁（今南京）、苏州、杭州三处织造局分织。江宁织造负责御用彩织锦缎，苏州织造负责绫、绸、锦缎、纱、罗、缂丝、刺绣，杭州织造负责织造御用袍服、丝绫、杭绸等。刺绣由如意馆画工设计彩色小样，经审后，按成品尺寸放大着色发交内务府和江南织造衙门所属的绣作进行生产。

清代宫内设有尚衣监，存放皇帝的袍褂和服饰，又有专门的衣服库，管理皇帝平日常用服和冠，还有一大群随时侍候皇帝更换衣服的太监们。皇帝一天之中多次更换服饰，有时一天内更换二至三次。

皇帝的衮服，皇帝礼服之一。举行重大典礼时，皇帝将衮服套在朝服或吉服外。对襟，平袖，略短于朝服、吉服，石青色缎。其绣文为五彩云，五爪正面，金龙团花四个。

皇帝冬朝服，是皇帝的礼服之一，在隆冬季节，外面套上端罩。端罩是用紫貂或黑狐皮制作的外衣；毛面呈黑或褐色。其两肩及前后胸绣正面五爪龙各一条，前后胸下方有行龙四条，裳折叠处有行龙六条，前后列十二章。十二章是古代帝王服装纹饰，即日、月、星辰、山、龙、华虫、宗彝、藻、火、粉米、黼、黻 12 种花纹。清代只有皇帝的朝服、吉服才有十二章。

皇帝夏朝服，皇帝礼服之一，有裘、棉、夹、罩、纱多种，分四季穿着。颜色也有四种：明黄色是等级最高的颜色，用于元旦、冬至、万寿及祀太庙等典礼；蓝色用于祀天（圆丘、祈祷、常雩）；红色用于祭朝日；月白色用于祭夕月。

吉服，也称采服，其等级略次于礼服，用于劳师、受俘、赐宴等一般典礼。因袍面多以龙为图案，也被称为"龙袍"。

皇帝常服，是皇帝的日常衣服，样式与吉服同。面料、颜色、花纹随皇帝选用。

皇帝行袍，行袍是行服之一，用于巡幸或狩猎。行服的样式似常服而较常服短十分之一，便于骑马时将左襟和裹襟撩起，右襟短一尺。

古时称帝王之位为九五之尊。九、五两数，通常象征着高贵。清朝皇帝的龙袍绣有九条金龙，位置分别为前胸和后背有一条正金龙，下面前后分别有两条行金龙，肩部左右两侧分别有一条金龙，右面内襟里面还有一条行金龙。每件龙袍从正面或背面单独看时，所看见的都是五条龙，恰好与九、五之数相吻合。

龙袍下摆斜向排列着许多弯曲的线条，名谓"水脚"。水脚之上，有许多波浪翻滚的水浪，水浪上面立有山石宝物，俗称"海水江崖"，它除了表示绵延不断的吉祥含义之外，还有"一统山河"和"万世升平"的寓意。

龙袍上除了龙纹，还有十二章纹样，其中日、月、星辰、山、龙、华虫、黼、黻八章在衣上；其余四种藻、火、宗彝、粉米在裳上，并配用五色祥云、蝙蝠等。它们分别代表了不同的含义，"日月星辰取其照临；山取其镇；龙取其变；华虫取其文、会绘；宗彝取其孝；藻取其洁；火取其明；粉米取其养；黼若斧形，取其断；黻为两己相背，取其辩。这些各具含义的纹样装饰于帝王的服装，喻示帝王如日月星辰，光照大地；如龙，应机布教，善于变化；如山，行云布雨，镇重四方；如华虫之彩，文明有德；如宗彝，有知深浅之智，威猛之德；如水藻，被水涤荡，清爽洁净；如火苗，炎炎日上；如粉米，供人生存，为万物之依赖；如斧，切割果断；如两己相背，君臣相济共事。"总之，这十二章包含了至善至美的帝德。

鉴别清代龙袍主要从做工、面料和纹样三大方面来看。首先，龙袍的做工相当精细，所用线也非平常我们所见到的金线或者丝线，尤其缂丝工艺目前很难仿造。其次，清代宫廷服饰面料的生产大多来自江南三处织造局，即江宁织造局、苏州织造局和杭州织造局，极少部分由京内织染局织造。江宁善于织金妆彩以及倭缎、神帛的织造；苏州的缂丝、刺绣工艺最精；湖丝的品质最为优良，如绫、罗、纺、绉、绸等多由杭州织造。最后，龙袍上的纹

样以及所在的位置也绝对不能有丝毫差错，这些纹样多限于皇帝服饰之上，其他皇宫贵族服饰上均不可有此纹样，所以说纹样是鉴定龙袍的最好方法（图5-15至图5-17）。

图5-15　雍正明黄缎绣朝服（宁波"民和文化艺术中心"）

图5-16　康熙红色妆花吉服（宁波"民和文化艺术中心"）

图5-17　康熙明黄缎团龙纹女吉服（宁波"民和文化艺术中心"）

第四节　宁波金银彩绣艺术馆：展甬城锦绣

宁波金银彩绣艺术馆位于鄞州区下应创新 128 园区，占地面积 2000 平方米，投资 2800 多万元，于 2010 年 12 月开馆（图 5-18）。

图5-18　宁波金银彩绣艺术馆（茅惠伟提供）

　　馆内包括工艺流程展厅、宗教绣品展厅、创意家居饰品展厅和工艺收藏品展厅等4个展厅，收集了明、清以来珍贵的金银彩绣绣品300余件。

　　在艺术馆的300多件展品中，约有1/3是明、清时期至新中国成立前的金银彩绣文物。大到戏袍，小到扇坠，尽管颜色有些暗淡，但曾经的精致依然让人赞叹（图5-19）。

图5-19　宁波金银彩绣艺术馆展厅一角（茅惠伟提供）

　　展品中有不少是宁波金银彩绣有限公司的最新作品，其中有雍容华贵的旗袍，精美的挎包、手机袋、杯垫、钱包，甚至还有高约2米的屏风。

　　镇馆之宝是一幅巨大的金银彩绣作品《甬城元宵图》，被单独挂在了一楼的一间展厅里。这件作品展现了明、清时的明州城内，250余名百姓欢庆元宵节的宏大场面。这件长275厘米、宽90厘米的作品，是由鄞州金银彩绣传承人史翠珍、张世君、沙珍珠等5名手工艺人为主，带领工人费时两个月1000个工时才完成的，几乎体现了金银彩绣的全部工艺，在刺绣技法和表现手法上融汇古今，运用了鲜花绣、网绣、盘金绣、盘银绣、打籽绣等20余种技法，仅金银线、彩色丝线就达数十种，获得第五届中国民间工艺品博览会金奖，体现了金银彩绣目前的最高水平（图5-20、图5-21）。

图5-20　《甬城元宵图》（宁波金银彩绣艺术馆）

图5-21　《甬城元宵图》局部（宁波金银彩绣艺术馆）

宁波金银彩绣艺术馆馆长裘群珠（图 5-22），宁波市鄞州区人。现任宁波金银彩绣有限公司董事长、宁波市工艺美术协会会长、浙江省民间美术家协会副会长、浙江省创意设计协会常务理事、《世界佛教文化艺术天地》艺术顾问。先后被评选为"十佳女标兵""十佳创业女性"等。

裘群珠 16 岁开始跟随家里长辈学习金银彩绣基本技法，之后进入宁波绣品厂工作。为了能全身心地投入到金银彩绣的保护工作中，扩大金银彩绣产品的适用范围，裘群珠又于 2008 年注册成立了宁波金银彩绣有限公司，专门制作金银彩绣产品，投身于保护宁波民间传统女红文化的事业当中，这正印证了她常说的一句话："女人要做女人的事情。"2009 年，她的公司参与创作了大型宁波金银彩绣《甬城元宵图》。为了将金银彩绣技艺传承下去，2009 年，公司与东钱湖旅游学校合作，金银彩绣列入该校课外学习课程，致力于培养年轻的金银彩绣爱好者。2010 年，裘群珠参与设计制作的金银彩绣作品《甬

图5-22 裴群珠

图5-23 宁波金银彩绣艺术馆开发的"和"
系列小礼品

城风情图》荣获第五届中国民间工艺品博览会金奖。2010年12月，裴群珠投入经费2800多万元，成立宁波金银彩绣艺术馆，占地面积2000平方米，致力于金银彩绣的保护与精品创作工作。2011年裴群珠又带领团队创作了《百鸟和鸣》大型作品，这幅作品是金银彩绣史上迄今为止最大的作品。

目前，宁波金银彩绣艺术馆已成为收藏家进行艺术交流的场所、青少年民族民间文化教育观摩的基地和民间艺术展示的窗口。人们在这里不仅可以现场观摩，还可以动手学习刺绣。

作为浙江省级非物质文化遗产展示基地和生产性传承基地，宁波金银彩绣艺术馆已与浙江省民间美术家协会合作，成立了金银彩绣专业委员会，聘请中国美术学院教授专门研究和创新产品，整理出版有关史料，培养一批金银彩绣工艺继承人，同时通过开发各类礼品，接受客户订单等市场化手段，使宁波金银彩绣工艺发扬光大（图5-23）。

第六章 宁波传统服饰文化非遗传承

在衣食住行的传统生活方式中，"衣"是排在第一位的。

在宁波众多的"非物质文化遗产"中，纺织服装类"非遗"占有一席之地，包括宁波金银彩绣、余姚土布制作技艺、红帮裁缝技艺、民间彩线刺绣、龙凤戏服绣袍、虎头鞋、盘纽技艺，等等。其中，截至 2021 年 6 月，列入市级及以上名录的就有 15 项，具体如表 6-1 所示。

表 6-1 宁波纺织服饰类非物质文化遗产名录（市级及以上）

名称	命名时间	类别	申报地区	名录级别
宁波金银彩绣	2011年6月	传统美术	鄞州区	国家级
余姚土布制作技艺	2011年6月	传统技艺	余姚市	国家级
红帮裁缝技艺	2021年6月	传统技艺	奉化区	国家级
龙凤戏服绣袍	2009年6月	传统美术	原江东区（现归属鄞州区）	省级
余姚草编技艺	2012年6月	传统技艺	余姚市	省级
老虎鞋制作	2012年6月	传统美术	慈溪市	省级
虎头鞋	2008年6月	传统美术	鄞州区	市级
草帽编织技艺	2008年6月	传统技艺	慈溪市	市级
民间彩线刺绣	2010年6月	传统美术	鄞州区	市级
草帽编织技艺	2015年6月	传统技艺	海曙区	市级
民间彩线刺绣	2015年6月	传统美术	原江东区（现归属鄞州区）	市级
虎头鞋	2015年6月	传统美术	北仑区	市级
盘纽技艺	2015年6月	传统技艺	余姚市	市级

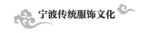

续　表

名称	命名时间	类别	申报地区	名录级别
传统盘扣制作技艺	2018年6月	传统技艺	象山县	市级
绣花鞋制作技艺	2018年6月	传统技艺	象山县	市级

第一节　省级及以上非遗名录选介

一、余姚土布制作技艺

"家家纺纱织布，村村机杼相闻。"余姚土布以历史悠久，工艺细致，花色美观，实用牢固而闻名（图6-1）。余姚土布，又称"余姚老布""小江布""细布""越布"。《余姚特产谣》中记载"彭桥细布雪雪白"。[①]

余姚一直有着土布的传统，《余姚六仓志》载："明末清初，服尚布素，平民不论贫富，皆衣粗布，贵族亦不盛饰。"[②]

图6-1　余姚土布

---

① 中国民间文学集成全国编辑委员会，中国民间文学集成浙江卷编辑委员会. 中国歌谣集成（浙江卷）. 北京：中国 ISBN 中心，1995：429.
② 王文章. 第三批国家级非物质文化遗产名录图典（下）. 北京：文化艺术出版社，2012：868.

1. 历史

因余姚旧属越地，故余姚土布又称为"越布"。南宋前余姚土布以麻、葛为原料，早在东汉时期余姚生产的"越布"就闻名全国。

《后汉书》东汉建武年间（25—56年），尚书令、会稽郡吴县人陆闳"美姿貌，喜著越布单衣，光武见而好之，自是常敕会稽郡献越布"。据载，宋绍兴十六年（1146年）时就产布7.7万匹，元代时又以"小江布"风靡全国，至清代则更是"家家纺纱织布，村村机杼相闻"。余姚土布不仅是支持当地经济的一项特色纺织产品，而纺纱织布也是当地女子自小就必须掌握的一项传统的手工技艺，更是那时评价她们心灵手巧的重要标准。清代余姚文人张羲年在《姚江竹枝词》中生动地描绘了余姚村妇纺纱织布的场景：

> 萧萧络纬动鸣车，一夕秋风拂鬓斜。
>
> 织女黄姑相见后，灯前齐纺木棉花。

旧时，余姚越布始尊"黄道婆"为布神，姚北十多家庙会风行祭礼。农家织机屋里，供摆"布神"。清朝时，姚西马渚镇、姚北浒山镇，盛行布俗庙会，以布制龙，在每年的春、秋二季，举行迎"布神"礼俗。

但从20世纪三四十年代起，随着机织布的大量生产，土布生产急剧萎缩，只有少数家庭有零星生产以自用，随后便逐渐销声匿迹了。

2. 工艺

余姚土布的制作工艺相当复杂，"从棉花采摘到成布，要经过晾晒、拣杂、脱籽、轧花、纺纱、染色、浆纱、经布等十多个环节、上百道工序，所需器具达五十多种。"[①]

土布制作所需器具及附件有六七十种之多，主要工具有手摇纺纱车和木制织布机或小布机等。

3. 品种

余姚土布有平布和花纹布两大类，具体又可从编织方法、色泽、花样图案等几个方面来分。

---

① 严芸，刘华. 余姚土布制作技艺. 杭州：浙江摄影出版社，2016：7.

根据编织方法分，可分为"平织布"和"斜纹布"。

根据色泽分，可分为"本色布"和"染色布"。染色布就是指棉纱线经染色后织出来的单色土布。染色布有很多种，如玄色布（即黑色布）、士林布、青花布、紫茄布，等等。①

根据花样图案分，可分为"方格布""斜纹布""空心十字布""桂花布""绺条斜纹布"等（图6-2）。

图6-2　土布种类

因新颖美观，颇受顾客青睐，畅销省内外各地。

20世纪80年代后，随着我国纺织工业的日益发达，人们开始喜欢那些色泽鲜艳、轻薄飘逸的化纤织料，土布受到冷落，村庄里的机杼声也渐渐消失了。"余姚土布"逐渐淡出了人们的视线。

2007年，小曹娥镇通过调查发现，建民村的王桂凤老人一家不仅传承了余姚土布的制作技艺，还完整保存着木制织布机、小摇车等生产器具，经过地方文化部门的调研挖掘整理，2011年6月，"余姚土布制作技艺"入选第三

---

① 严芸，刘华.余姚土布制作技艺.杭州：浙江摄影出版社，2016：61.

批国家级非物质文化遗产名录。王桂凤老人在 2018 年 5 月被列为国家级非物质文化遗产名录（余姚土布）代表性传承人。王桂凤，1936 年出生于姚北棉乡（今慈溪小安乡），母亲周满香是乡里闻名的巧妇，织得一手好布。受母亲影响，王桂凤从小就对纺纱织布表现出浓厚的兴趣。十四五岁时，心灵手巧的王桂凤已从母亲那儿学会了制作土布的全套流程工艺。1955 年，20 岁的王桂凤嫁到余姚小曹娥镇建民村，她带了好几匹亲手织成的土布当作嫁妆，同时也带来了余姚土布制作的绝活，她编织的土布花色繁多秀美，质地精密细腻，深受乡邻喜爱。在她的带领下，小曹娥镇掀起了土布制作热（图 6-3）。

图6-3　余姚市小曹娥镇的王桂凤正在编织地道的余姚土布（宁波日报，2009-10-19）

余姚土布制作技艺作为国家级非物质文化遗产项目，得到了政府部门的重视和保护。

2018 年 7 月，经过历时半年的打造，余姚土布展示馆正式开馆。余姚土布展示馆坐落于小曹娥镇朗海村喜乐中心一楼。展示馆占地面积 200 平方米，设有土布史展览、土布产业文化、土布制作技艺流程、土布分类展示、土布技艺传习等展厅，成为传承和保护土布这一传统民俗文化的重要载体（图 6-4、图 6-5）。

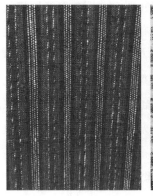

图6-4 余姚土布

图6-5 余姚土布展示馆

二、红帮裁缝技艺

红帮裁缝是中国服装史上一个有着重要历史性贡献的创业群体，是"宁波帮"的重要组成部分。"红帮"，因给红头发的欧洲人制作西服而得名。红帮裁缝由本帮裁缝转型发展而来。本帮裁缝为红帮裁缝的成功分流、转型进而开拓中国服装产业打下了良好的基础，包括人员基础、技术保障、区域专业化传统等。

150

明、清以后，中国的商品经济得到了发展，出现了资本主义生产的萌芽。客观上促进了中国服装业的发展。"在中国早期服装产业雏形时期，本帮裁缝在整个服装业所占的比例仍然是很高的，广大人民群众在这一时期衣服的来源主要是由本帮裁缝提供的。所以说本帮裁缝在中国早期服装产业的发展过程中始终占据着主体地位。"①

奉化市档案馆保存有被评为首批浙江档案文献遗产的"奉化服装告示"原件（图6-6）。签发人为当时的奉化知事董增春。主要内容是由于当时奉化从事服装业人数众多，"成衣一业，较各工业为最，全邑不下二三千"，但未设立公所及制定行规，故各乡镇的服装业代表商议后，呈请奉化县知事出示管理全县服装业的规则告示。并公布将于同年秋收后召集乡镇各代表公议筹款建筑公所。该告示真实地反映了20世纪初奉化服装行业的发展状况和行业管理中的主要做法，反映了奉化县成衣业的地区性发展状况。

图6-6　"奉化服装告示"（奉化档案馆）

宁波位于浙东沿海，背对四明山，这里"襟山带海，地狭民稠，乡人耕

---

① 熊玲.中国早期服装产业史研究.上海：东华大学，2002：12.

读外，多出而营什一之利"。

民国《鄞县通志》记载："商业为邑人所擅长，惟迩年生齿日盛，地之所产不给于用，本埠既无可发展，不得不四出经营以谋生活。"

宁波裁缝是早期进入上海的商帮之一。《上海通志·商业服务业卷》记载，清乾隆六十年（1795年），上海县城出现苏广成衣铺，所做成衣采用苏州工艺、广州款式。嘉庆二十二年（1817年），上海成衣司邢金备和成衣商朱朝云等8人发起，在县城内郡庙之东（今南市区硝皮弄）建轩辕殿成衣公所，成衣铺有沪、苏、甬帮，至1920年，又有常、锡、镇、扬、杭帮。

又据《上海掌故辞典》："约同治以后，苏帮大多改作顾绣业，轩辕殿基本上被宁波帮控制。"①

红帮裁缝继承弘扬了本帮裁缝精工细作的技艺，开拓进取的精神，同时又敢于接受外来文化，勇于创新。两者兼备，使他们在不长的时间里完成了身份的历史性转换，完成了新兴工商文化对传统农耕文化的历史性超越，诞生了中国服装史上一个特殊和重要的创业群体。

红帮裁缝于19世纪中叶，陆续从宁波农村到上海、日本横滨等中外大城市创业。自20世纪20年代开始，红帮裁缝以上海为基地，迅速形成一个生机勃发的创业群体，并先后创造了中国服装史上若干个"第一"，诸如：1904年制作第一套西服，1905年制作第一件中山装，1933年出版中国第一部西服理论著作等，为中国服装现代化开辟了一个新的历史时期。还涌现出了"爱国西服商王才运""西服理论家顾天云""国服高手王庭淼"等杰出人物。以后，红帮适时抓住历史提供的发展机会，经历了"横滨港习艺、上海滩成名、沪宁线延伸、京津城引领、东三省跨越、大武汉创优、大西部倾情、东南亚拓展、港澳台溢彩、三江口奉献"的开拓历程。

以技艺求生存，是红帮成功的秘诀之一。红帮裁缝的技艺是实打实的，可谓"石板道地掼乌龟"。红帮裁缝精通中西，长于实践，技艺精湛，善于钻研。他们总结了裁缝素质的"四功"、形体造型的"九势"、着装效果的"十六字诀"。

当然，在精湛技艺的背后是红帮人刻苦研习基本功的身影。

---

① 陈万丰.中国红帮裁缝发展史（上海卷）.上海：东华大学出版社，2007：8.

红帮第六代传人江继明，13岁到"培罗蒙"西服店里当小学徒，他非常珍惜学习机会，有一年大年三十晚，其他师兄弟都回家过年了，他则独自留在车间里，将袖子拆了又装，装了又拆，反复七八次，直至将袖子缝制得圆顺挺括才罢休。

红帮人的一身好本领都是这样在辛勤与汗水中锤炼出来的。

由此练就了诸如"热水里捞针、牛皮上拔针"等绝技，红帮人用精湛的刀功、手功、车功、烫功，制作了一件件精美的作品。笔者曾于2011年采访一位在澳门的红帮再传弟子，他对红帮精湛技艺有一个生动的评价——"红帮老师傅做出来的衣服是活的"。

在百年商业实践中，红帮人不但取得了服装设计制作实践和理论的多项实绩，而且形成了富有特色的商业文化，如爱国守法，诚实守信、顺时而为、外向发展等商业道德观念和商业策略思想。

2021年6月，"红帮裁缝技艺"入选第五批国家级非物质文化遗产名录。

红帮裁缝技艺的保护与传承，在宁波市的大力推进下，全市各有关行业、企业、文化单位、学校等共同做出了努力。其中，奉化区在红帮保护与传承上，做了不懈努力："奉化博物馆""奉化非遗馆""奉化城市展览馆"都设有红帮传承区域；在红帮元老王才运家乡王溆浦设立"王才运纪念馆"；王才运后人继承百年名店"荣昌祥"至今；新红帮"罗蒙"以传承老红帮为己任，积极推进校企合作，取得文化传承与产业发展的双丰收。鄞州区以宁波服装博物馆为传承基地，积极弘扬红帮文化，为红帮裁缝技艺传承与保护贡献了一分力量（图6-7）。

图6-7　光壳西装
（摄于奉化区非遗馆，奉化区红帮传人王小方手工作品）

三、龙凤戏服绣袍

2009年6月，"龙凤戏服绣袍"入选第三批浙江省非物质文化遗产名录。

孙翔云是该项目的传承人。2013 年，宁舟社区成立龙凤戏服绣袍传承和保护基地，2015 年 6 月被授予"宁波市非物质文化遗产传承基地"荣誉称号。

据称在唐明皇以后演出戏剧就逐渐发展成为一种行业，为其配套的戏剧服装制作也应运而生，并一直延续下来。

1930 年左右，孙翔云的父亲开了一家名叫"真善美"的绣花店。主营绣花，同时兼做长袍马褂。由于绣花活做得好，加上会做衣服，因此定制戏服的人便找上门来，"真善美"慢慢就发展成了专门做戏服的店。1949 年以前，孙翔云的父亲曾为绍剧名角六龄童制作过全套的孙悟空戏服，将舞台上闹天宫、踏地府、闹龙宫、大战红孩儿等各个时期的齐天大圣，用不同样式的戏服装扮得极富神采。

因为做的戏服好，经营得法，生意做得相当红火，后其儿子孙翔云当了掌柜。戏剧行当里，戏服叫"私彩"，演员名气越大、风头越足，"私彩"就越多，也越讲究，一场戏下来，通常要换十几套服装。戏行里规矩很多，拿穿衣服来说，是"只好穿破，不好穿错"，名角的"私彩"别人是穿不得的。当时的越剧名角筱丹桂、毕春芳、徐玉兰等都闻名前来定制戏服，店随人红，"真善美"名气也更大了，以至于宁波乃至浙江一带的演员都会以拥有一套量身定制的"真善美"戏服为荣。

1956 年，孙翔云和宁波许多手工艺人一起加入了宁波戏衣戏帽生产合作社，又干起老本行。那时提倡"百花齐放，百家争鸣"，农村各地成立了宣教队，宁波也组建了越剧团，戏服供不应求。因为需求量很大，合作社不得不扩大生产规模，孙翔云当起了车间主任，指导生产，着重抓产品设计。

1956 年起，孙翔云连续三年代表宁波参加浙江省民间艺人代表大会，他所缝制的戏服曾获浙江省戏服产品设计二等奖，他所在的生产组也被评为市级先进小组。20 世纪 80 年代，他被慈溪一绣品厂聘为技术指导，后即退休在家。现宁波服装博物馆就收藏着十多套"真善美"制作的戏服。

戏袍的制作工序复杂，主要包括量体、打样、设计刺绣图稿、选材、刺绣、浆裱、剪裁、加衬里和成衣等程序。前期还要与顾客进行多次商谈，了解定做者的意图。做一件戏服工程量浩大，因为是纯手工制作，再加上繁杂精细的工序，即便是三四个人白天黑夜不停地忙，也需要少则一个月，多则需三四个月的时间。不同图案用不同颜色的绣线组合，才能变幻出不同的戏袍。在刺绣过程中，一般多用传统钉金垫浮绣技艺，并用金、银、绒色线和珠（胶）片等绣料，进行盘锁、垫钉。这样，绣出的蟒袍、凤冠霞帔、头盔彩翎，饱满浮凸，富丽堂皇，具有平、密、和、垫四大特色（图6-8、图6-9）。

图6-8　孙翔云和妻子王素贞
（龙凤戏服绣袍：一针一线绣出非遗精彩，鄞州风物，2019-03-24）

图6-9　戏袍龙纹
（龙凤戏服绣袍：一针一线绣出非遗精彩，鄞州风物，2019-03-24）

四、老虎鞋制作

2012 年 6 月，"老虎鞋制作"入选第四批浙江省非物质文化遗产名录。蒋建飞是该项目的浙江省第五批代表性传承人，慈溪市"蒋建飞布艺工作室"为该项目省级生产性保护传承基地。

老虎鞋的制作技艺在蒋建飞家已经传承了 100 多年了，蒋建飞从 10 岁就开始学习老虎鞋的制作工艺，迄今已经 50 多年（图 6-10）。

图6-10 蒋建飞展示其缝制的"虎头鞋"

"做人一生两双鞋，来的时候虎头鞋，走的时候绣花鞋。"这是流传在慈溪的一句老话，可见虎头鞋在当地百姓心中的位置。

老虎为百兽之王。所谓"龙生云，虎生风"，人们喜爱其八面威风，常常借以形容勇猛善战的样子。在浙东一带老虎鞋有着深厚的民间基础，做老虎鞋、穿老虎鞋的习俗在民间世代相传。老虎鞋制作技艺早在明、清时期就流传在慈溪一带民间，当时慈溪大古塘一带制盐所产生的废气导致环境恶劣，妇女生育率低，小孩常遇夭折，南方百姓的信仰以崇拜老虎为主，所以百姓用盐花（剪纸）图案来制作"老虎鞋"鞋底（夹鞋），鞋头用虎头像图案，让老虎来保佑小孩健康成长。凡小孩出生都穿上"老虎鞋"，成为百姓的习俗，这一传统技艺流传至今。

老虎鞋的面料以绸缎为主，颜色大多是鲜亮的红、黄、蓝、绿等。针线的来来回回里，满满的都是制作者的心意，特别是虎头的缝制，更是重中之重，来不得半点马虎：虎鼻用棉条包裹而成；虎耳用丝线绣出，呈犬牙状；虎眼用黑白两种绒线绣成；额头上绣一个"王"字；用黑丝绒绣成两排虎须；虎须的中间用红色丝线绣出虎口。这才有了威风凛凛的虎头的样子。

　　一双漂亮的老虎鞋，要经过22道工序2天时间手工制作完成，其中有一两针松了，整个鞋子就会没了精神。蒋建飞制作的老虎鞋式样美观，做工精致，不仅中国人喜欢，外国人更是爱不释手，曾收到上海外滩文化站、北京博物馆等发来的参展邀请函（图6-11）。

图6-11　老虎鞋（蒋建飞作品）

五、余姚草编技艺

　　2012年6月，"余姚草编技艺"入选第四批浙江省非物质文化遗产名录。赵鹏入选市级传承人。赵鹏，1979年生。其父亲曾任原余姚草帽厂副厂长，该厂后转制，于1989年合资成立宁波舜广工艺美术品有限公司。赵鹏子承父业，于2007年12月担任宁波舜广工艺美术品有限公司总经理。在他的带领下，公司确立了"诚信、共赢、开创"的经营理念，树立了"踏实、拼搏、责任"的企业精神，公司凭借着良好的信誉、过硬的质量，产品远销欧美等10多个国家和地区，2015年外贸市值达4000余万元（图6-12）。

图6-12　赵鹏介绍公司情况
（余赠振摄于宁波舜广工艺美术品有限公司）

作为余姚草帽技艺的传承基地，宁波舜广工艺美术品有限公司自1989年中外合资以来，享有进出口业务的自主权，年自营出口约30万打各类帽子，出口金额约300万美元。最近几年，出口成品的比例有大幅度的增长。现为国内生产手工编织帽子最具规模和实力的生产厂家。1992—1994年连续三年被评为"全国外商投资双优企业"，1995年获得"中国轻工业出口创汇优秀企业奖"。

公司参与编写《编织帽国家行业标准》。该"标准"规定了编织帽的要求、试验方法、检验规则和标志、包装、运输、储存；"标准"的出台，极大地提高了该行业的产品质量与档次，推动了行业转型升级，加快了与国际市场接轨，对提升该行业的整体品位起到了积极作用。该"标准"已编入2014《中国轻工业年鉴》。

为了让更多的人了解草编传统，公司积极开展各类活动。2015年6月，公司联合余姚市非遗保护中心、余姚市文化馆，推出非遗课堂，举办"草编技艺培训班"，通过"一对一"的教学模式，让熟练的草帽编织工给从事其他工种的工人培训编织草帽，实现老带新、一对一传承。

第二节　市级非遗名录选介

一、盘纽技艺

2015 年 6 月，余姚"盘纽技艺"入选宁波市级非物质文化遗产名录。

中国服饰，几千年来以宽袍大袖为特点，需用长长的衣带来束缚。到明代，服装出现许多时尚元素，这就是以纽扣代替了几千年来的带结，除了少数的金、银、玉等材质，使用最多的还是"布纽"。在清代，"布纽"使用广泛。

"布纽"是由布条盘织而成，所以通常称作"盘纽"或"盘扣"。制作盘纽的材料容易获得，又因成本低廉、制作场所不受限制，旧时，民间妇女都能制作一些简单的"盘纽"，比如"一字扣"。现时，能制作盘纽的人已经越来越少，制作精美的更是凤毛麟角，余姚市黄家埠镇的夏彩囡便是其中之一（图 6-13）。

图6-13　夏彩囡

夏彩囡出生于 1944 年，从小在做裁缝的母亲的耳濡目染下，对缝纫裁剪很感兴趣，尤其对盘纽制作产生了浓厚的兴趣。

1982 年，她拜在红帮裁缝袁先堂门下学习手艺，并请袁师傅教她制作盘

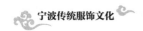

纽。袁师傅"口传心授"，毫无保留地把三种新娘旗袍纽扣（石榴扣、桃子扣、琵琶扣）的制作方法传授给她。之后，夏彩囡就与盘纽结下了不解之缘。

盘纽作为中国传统服饰文化的"标识性"代表，展现了中华民族的智慧。它所蕴含的人文精神体现了人们对美好生活的寄托和追求，有着丰厚的文化内涵。

夏彩囡制作的盘纽，有传统的图案，如模仿动植物的菊花扣、梅花扣、蝴蝶扣、金鱼扣；如盘结成文字的福字扣、寿字扣、囍字扣等。在样式设计、颜色搭配等方面极为讲究，融入了夏彩囡的心性和智慧，融入了对生活的无比热爱，具有极高的审美价值（图6-14）。

图6-14　传统盘纽（摄于夏彩囡家）

蝴蝶扣、桃子扣、琵琶扣、菊花扣、琵琶扣、石榴扣、盘香扣等，各有不同的寓意，比如菊花寓意"先开花后结果"，石榴寓意"多子多孙"（图6-15）。

图6-15　传统"福"字扣、"寿"字扣（摄于夏彩囡家）

　　2015年6月，"盘纽技艺"成功入选宁波市级非物质文化遗产名录，夏彩囡成为余姚市代表性传承人。同年，夏彩囡开始为黄家埠镇中心小学的盘纽社团授课，通过盘纽制作向孩子们传播优秀传统文化。2019年10月，夏彩囡被省妇联等单位联合评为浙江省百名"女红巧手"。

　　在保持传统的同时，夏彩囡也在不断地进行创新，比如，每年春节来临之际，制作新一年的生肖盘纽（图6-16）。

图6-16　生肖盘纽一组（摄于夏彩囡家）

　　在重大节日，开发独特的主题，2020年国庆节夏彩图还专门编了花卉系列盘纽，祝福祖国的明天繁花似锦（图6-17至图6-24）。

　　为了让更多的人了解盘纽，黄家埠镇文体中心专门开辟了夏彩图盘纽实物展厅，以实物和图片的形式展出夏彩图的盘纽作品和工艺。因黄家埠镇古称"兰风"，"宋时为兰风乡"。于是这个实物展，被命名为"兰风盘纽"。

　　文化中心的工作人员非常用心，还给老人的作品配上了古诗文，做了框裱。

　　中国扣，中国诗，相得益彰，意境美好。

图6-17　花卉系列盘纽（摄于夏彩图家）

图6-18　玫瑰花扣（摄于夏彩图家）

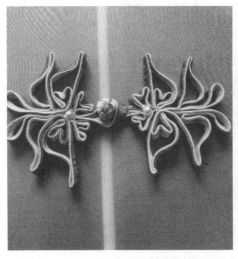

图6-19　蝠（福）扣（摄于夏彩图家）

图6-20　莲花扣（摄于夏彩图家）

图6-21 金丝玫瑰扣（待摘玫瑰 飞下粉黄蝶，摄于夏彩图家）

图6-22 凤尾扣（凤尾香罗薄几重 碧文圆顶夜深缝，摄于夏彩图家）

图6-23 梅花扣（折梅逢驿使 寄与陇头人，摄于夏彩图家）

图6-24　桃子扣（百叶双桃晚更红 窥窗映竹见珍珑，摄于夏彩图家）

　　浙江纺织服装职业技术学院学子也为老人的一组作品命名，为其赋予美好的意蕴（图6-25至图6-27）。

图6-25　《相濡以沫》

图6-26　《梁祝传奇》

图6-27 《花团锦簇》

二、草帽编织技艺

2008年6月，"草帽编织技艺"入选宁波市非物质文化遗产名录，传承基地为慈溪蓝天帽业有限公司。

慈溪蓝天帽业有限公司位于宁波慈溪，有30多年的悠久历史，创建于1984年，是长河草编业第一家（1992年）引进外资的合资企业，提供优质、丰富的编织工艺品。蓝天帽业有限公司生产各种草帽、毡帽、帽胚、围巾、手套、草垫、糖果盒、圣诞礼品等，并与香港雅泰实业公司合资，产品出口法国、意大利、土耳其等20个国家和地区。1992年创产值729万元。近年来，年产值保持在6000多万元。

传承人周荷花，1946年生，出生于慈溪长河一户普通农家。

四五岁，父母让她坐在小凳子上，开始手把手地教她编草帽，那时，村里家家如此，每个孩子的童年都是在编草帽中度过的。在长河人眼里，这是每个人都必须学会的一门本领，尤其是女孩子，否则，就会被人瞧不起。

10岁开始读书时，周荷花已经是一名手艺娴熟的"老手"了。那时候，她白天读书，晚上跟着大人们一起编草帽。

周荷花不但手艺出众，还爱动脑筋，创新花样，她编的帽子出售的价格是普通草帽价格的两三倍。与长河的大多数人家一样，草帽成了家庭主要的经济来源。

16岁那年，周荷花进入一家国营厂，当了草帽创新组的临时工，不久就当上了验帽员。接着，她调往庵东草帽代办站整整工作了11年。当时，庵东的一些群众尽搞拖泥晒盐之事，会打草帽的极少。她和其他同志一起，不管寒冬酷暑，有时甚至冒着风雨，踏着泥泞的乡间小道下村串户，把草帽编织技术传授给这，又传授给那，这样一传十、十传百，这个偏僻的海滨乡村会打草帽的已随处可见。

伴随着草帽业的发展，土生土长的周荷花逐渐锻炼得成熟起来。在改革开放的浪潮中，周荷花脑子里老是在想：现在草帽业如此兴旺，国营草帽厂忙得应接不暇，我们能不能另辟蹊径走出一条经营草帽的路子呢？1983年6月，她从庵东折回长河，在有关领导的支持下单独新办帽厂。1985年1月，她出任长河镇鞋帽厂厂长，以后厂名又几次变动。[①]图6-28为周荷花向笔者介绍公司发展情况。

图6-28　周荷花（右）介绍公司发展情况

为传承草编文化，各级政府利用各类载体，举办草编文化节，草帽、草席编织大赛、工艺论坛、艺术展览等群众性活动，推动草编文化传播。

（1）长河草编文化节

长河镇于2008年11月21日举办首届草编文化节，"金丝飘逸舞长河，草编为媒迎宾客"。以后续办两年一次的草编文化艺术节。

---

① 叶国兴，章胜利.创业者之歌.天津：百花文艺出版社，1990：180.

在首届草编文化节期间，举行了"五彩缤纷"民间艺术大巡游，有草帽舞、太极拳队、丰收腰鼓、功夫扇队、彩帽队、车子灯、草帽火炬队、奏响节歌队、方太巨龙、中兴品质队、魅力合盛队、洽洽仙女队、七彩蓝天队、帽的海洋队、和谐宁丰队等。草编文化节期间，还举办了"百年草编，写意长河"书画影展、草编工艺论坛、农民"种文化"艺术展演、"梨园越风"演唱会、广场戏剧演出、"金丝飞舞"草帽编织大赛、"魅力草编，唱响长河"歌咏晚会等丰富多彩的活动。

草编文化节成为展示长河民俗民风和改革建设成果的平台。

（2）慈溪草编大赛

为提升长河草编文化知名度，做好长河草编这一特色文化品牌，推进草编技艺的发展，长河镇举办了一系列草编编织赛事。

2013年6月5日，宁波恰恰帽业有限公司承办了长河镇"恰恰杯"草帽编织比赛。

2014年9月17日，"蓝天杯"草帽编织技能比赛举办，长河镇女企业家协会会员、慈溪蓝天帽业有限公司总经理周荷花承办了此次活动。协会会长陈玉仙亲临比赛现场，为草编作品大赛进行评选。全镇各村妇代会积极组织，选派37名草编能手报名竞技。周荷花作为草编非遗传承人，同时也作为活动的承办方，她由衷地希望通过经常举办一些手工草编大赛，培育草帽编织队伍，加大保护力度，传承和发展长河传统的草编帽工艺，让长河的传统编织技艺永远流传下去（图6-29）。

图6-29　"蓝天杯"草帽编织技能比赛

参考文献

[1] 常建华 . 岁时节日里的中国 [M]. 北京：中华书局，2006

[2] 陈高华，徐吉军 . 中国服饰通史 [M]. 宁波：宁波出版社，2002.

[3] 陈国强 . 中国服装产业蓝本寓言：宁波服装观察 [M]. 北京：中国纺织出版社，2008.

[4] 陈万丰 . 中国红帮裁缝发展史（上海卷）[M]. 上海：东华大学出版社，2007.

[5] 慈溪市博物馆 . 慈溪遗珍：慈溪市博物馆典藏选集 [M]. 上海：上海辞书出版社，
2008.

[6] 戴尧宏 . 慈溪草帽经营的变迁 [J]. 慈溪文史资料（第 1 辑），1986.

[7] 戴尧宏 . 宁波金丝草帽出口史话 [J]. 浙江工商，1989 (11).

[8] 丁湖广 . 草编制品的工艺 [J]. 农业工程实用技术，1985（2）.

[9] 冯盈之 . 汉字与服饰文化 [M]. 上海：东华大学出版社，2008.

[10] 冯盈之 . 古诗文中的传统节令服饰文化 [J]. 东华大学学报（社会科学版），2009（2）.

[11] 华梅 . 服饰社会学 [M]. 北京：中国纺织出版社，2005.

[12] 华梅 . 中国近现代服装史 [M]. 北京：中国纺织出版社，2008.

[13] 季学源，陈万丰 . 红帮服装史 [M]. 宁波：宁波出版社，2003.

[14] 季学源，竺小恩，冯盈之 . 红帮裁缝评传 [M]. 杭州：浙江大学出版社，2011.

[15] 姜彬等 . 东海岛屿文化与民俗 [M]. 上海：上海文艺出版社，2005.

[16] 金皓 . 东钱湖南宋石刻的艺术特点初探 [J]. 文物世界，2006（14）.

[17] 乐承耀 . 宁波古代史纲 [M]. 宁波：宁波出版社，1999.

[18] 乐承耀 . 宁波通史（清代卷）[M]. 宁波：宁波出版社，2009.

[19] 李本倓 . 霓裳之真——宁波服装博物馆馆藏文物探识 [M]. 宁波：宁波出版社，
2017.

[20] 李采姣 . 服饰上的心意民俗——论宁波童帽的特色 [J]. 宁波大学学报（人文科学版），
2007（3）.

[21] 李浙杭，赵晓亮 . 看变化·诉真情——宁波市纪念改革开放 30 周年优秀征文选 [C].
2009.

[22] 林士民 . 再现昔日的文明——东方大港宁波考古研究 [M]. 上海：上海三联书店，
2005.

[23] 刘玉堂等 . 长江流域服饰文化 [M]. 武汉：湖北教育出版社，2004.

[24] 楼慧珍等 . 中国传统服饰文化 [M]. 上海：东华大学出版社，2003.

[25] 陆顺法，李双 . 宁波金银彩绣 [M]. 杭州：浙江摄影出版社，2015.

[26] 吕国荣 . 宁波服装史话 [M]. 宁波：宁波出版社，1997.

[27] 茅惠伟 . 甬上锦绣：宁波金银彩绣 [M]. 上海：东华大学出版社，2015.

[28] 缪良云 . 中国衣经 [M]. 上海：上海文化出版社，2000.

[29] 宁波市档案馆 .《申报》宁波史料集（七）[M]. 宁波：宁波出版社，2013.

[30] 宁波市地方志编纂委员会 . 宁波市志 [M]. 北京：中华书局，1995.

[31] 宁波市地方志编纂委员会办公室，浙江省工程勘察院，宁波国土测绘院 . 宁波市
     情图志 [M]. 哈尔滨：哈尔滨地图出版社，2011.

[32] 宁波市江北区慈城镇人民政府，江北区文物管理所 . 古镇慈城（合订本）[J]. 2005
     （21）—2009（40）.

[33] 宁波市文化广电新闻出版局 . 甬上风物：宁波市非物质文化遗产田野调查 [M]. 宁
     波：宁波出版社，2008.

[34] 宁波市政协文史委员会 . 上海买办中的宁波帮 [M]. 北京：中国文史出版社，2009.

[35] 上海社会科学院经济研究所等 . 上海对外贸易（1840—1949）[M]. 上海：上海社会
     科学院出版社，1989.

[36] 沈从文 . 中国古代服饰研究 [M]. 上海：上海书店出版社，2002.

[37] 《石浦镇志》编纂委员会 . 石浦镇志（下）[M]. 宁波：宁波出版社，2017.

[38] 史小华 . 传承浙东文化　弘扬创业精神——论宁波经济社会发展的文化动因 [N].
     光明日报，2004-10-19.

[39] 王静 . 中国的吉普赛人——慈城堕民田野调查 [M]. 宁波：宁波出版社，2006.

[40] 王以林，李本侹 . 红帮研究索引 [M]. 宁波：宁波出版社，2016.

[41] 王文章 . 第三批国家级非物质文化遗产名录图典（下）[M]. 北京：文化艺术出版社，
     2012.

[42] 徐海荣 . 中国服饰大典 [M]. 北京：华夏出版社，2000.

[43] 严芸，刘华 . 余姚土布制作技艺 [M]. 杭州：浙江摄影出版社，2016.

[44] 杨成鉴 . 明州楼璹《耕织图》和摹本《蚕织图》[J]. 宁波服装职业技术学院学报，
     2004（1）.

[45] 杨大金.现代中国实业志（上）[M].北京：商务印书馆，1938.

[46] 杨古城，龚国荣.南宋石雕 [M].宁波：宁波出版社，2006.

[47] 杨古城.南宋史氏祖像的绘制年代和冠服考 [J].浙江纺织服装职业技术学院学报，2007（1）.

[48] 叶大兵.中国民俗大系——浙江民俗 [M].兰州：甘肃人民出版社，2003.

[49] 鄞县通志 [M]，1930.

[50] 余姚市政协文史资料委员会，余姚市政协财贸委员会.余姚文史资料（第十五辑）[J].工商经济史料选辑，1998.

[51] 袁宣萍，徐铮.浙江丝绸文化史 [M].杭州：杭州出版社，2008.

[52] 浙江纺织服装职业技术学院学报编辑部.季学源红帮文化研究文存 [M].杭州：浙江大学出版社，2013.

[53] 浙江省工艺美术研究所.绚丽多彩的浙江工艺美术 [M].北京：中国轻工业出版社，1986.

[54] 周时奋.风雅南塘 [M].宁波：宁波出版社，2012.

后 记

　　2010 年我开始做"宁波服饰文化研究"这个课题，当时时间紧张，准备仓促，虽然也按时完成，并得到了多方肯定，但先前后记里用"三多""三少"表示的缺憾，还是比较客观的，即

　　三多：

> 要考察的实物还有很多，
> 要看的书还有很多，
> 要走访的人还有很多。

　　三少：

> 研读少，
> 讨论少，
> 思考少。

　　10 年过去了，这期间，修改补充的愿望一直没有改变。这次，刚好学校启动"红帮文化丛书"工程，给了自己一个回头审视、修改的机会。

　　比较 10 年前，这次修订，有了许多有利的条件：时间较为宽裕，资料更加丰富，比如 2011 年出版的《甬上风华·宁波市非物质文化遗产大观》，其中有广大地方文化工作者的大量田野调研信息，为这次修改提供了极大的帮助，自己也在这 10 年里利用节假日跑了一些地方，搜集了一些资料。

　　为了配合"红帮文化丛书"整体构架，协调各单本篇幅，本次修订，把原《宁波服饰文化》一书一分为二，拆分成《宁波传统服饰文化》与《宁波服饰时尚流变》两个单本，分别出版。

　　此次出版的《宁波传统服饰文化》，得到了学院的大力支持，也得到了出版社的精心指导，在此表示衷心感谢。书中还会有许多不当和疏漏之处，请各位专家、读者批评指正。

冯盈之

于浙江纺织服装职业技术学院文化研究院

2021 年 3 月